矿山地下水三维空间流场
模型构建及应用

袁胜超　刘大金　李贵仁　赵　珍　韩贵雷　著

北　京
冶金工业出版社
2022

内 容 提 要

本书以华北有色工程勘察院有限公司近20年所开展的矿区水文地质勘探工作为依托,提出地下水三维空间流场的概念,并针对不同的矿区水文地质条件,勾画了"蘑菇型"和"厚大弱含水体型"地下水流系统,在这些模型中,引进黏性土释水理论、越流理论,研究影响矿床充水因素,厘定矿床充水水源与充水通道,突破了传统的矿山防治水"非疏即堵"思维定式,提出了预留防水矿柱,带压开采、排水降压的防治水措施。

本书可供地质工作者阅读参考,也可作为高等院校相关专业师生的教学参考书。

图书在版编目(CIP)数据

矿山地下水三维空间流场模型构建及应用/袁胜超等著. —北京:冶金工业出版社,2022.8

ISBN 978-7-5024-9258-8

Ⅰ.①矿… Ⅱ.①袁… Ⅲ.①矿山—地下水运动理论—研究 Ⅳ.①TD743

中国版本图书馆 CIP 数据核字(2022)第 148723 号

矿山地下水三维空间流场模型构建及应用

出版发行	冶金工业出版社		**电 话**	(010)64027926
地 址	北京市东城区嵩祝院北巷39号		**邮 编**	100009
网 址	www.mip1953.com		**电子信箱**	service@ mip1953.com

责任编辑 张熙莹 王梦梦 美术编辑 彭子赫 版式设计 郑小利
责任校对 郑 娟 责任印制 李玉山
三河市双峰印刷装订有限公司印刷
2022年8月第1版,2022年8月第1次印刷
710mm×1000mm 1/16;9.5印张;183千字;142页
定价 66.00 元

投稿电话 (010)64027932 投稿信箱 tougao@cnmip.com.cn
营销中心电话 (010)64044283
冶金工业出版社天猫旗舰店 yjgycbs.tmall.com
(本书如有印装质量问题,本社营销中心负责退换)

前　　言

随着矿产资源的开发，特别是开发规模、开采强度及开采深度不断增加，矿区防治水工作越来越受到人们的重视，矿山水文地质研究深度不断加大。目前，我国在矿山防治水领域已进行了大量的深入研究。以往在矿区水文地质勘探中，在不影响预测精度的情况下，大多将其纳入二维平面流范畴，随着矿区开采深度的不断加大，地下水垂向运动特征越发显著，地下水流场呈现三维空间流场，在这种条件下如忽略地下水的垂向运动，把地下水流系统三维模型简化为二维模型，将使模型偏差较大，导致矿坑涌水量预测结果严重失真。因此，正确认识矿区水文地质条件，精确构建地下水三维空间流场模型和提高矿坑涌水量预测精度，是十分有必要的。

本书以华北有色工程勘察院有限公司近20年所开展的矿山水文地质勘探工作为依托，通过对河北省武安市北洺河铁矿、安徽省霍邱县李楼铁矿、河北省滦县司家营铁矿等三个典型项目的重点分析与总结，以整体的、联系的、发展的观点，对矿区的地下水含水系统、地下水流动系统、矿床充水因素规律形成了系统认识，在黏性土释水及越流理论的基础上构建矿山地下水三维空间流场模型。在认识论、系统论、信息论指导下，在多个矿区水文地质研究的基础上，论述了矿山地下水三维空间流场模型的特征，介绍了该地下水系统的特点、要素、研究方法和地下水防治中的关键技术等。主要从以下五个方面进行了阐述。

（1）针对地下水三维空间流场模型的特点，总结了矿区水文地质勘探中的关键技术。主要为地下水三维观测系统技术，弱透水层弹性释水、越流研究。

（2）以地下水三维观测系统取代传统的平面观测网络，将地下水三维渗流理论应用于勘探实践。利用同一钻孔分层观测技术进行地下水观测，建立地下水头三维观测系统，以获取不同含水层、同一含水层不同深度的地下水头，刻画地下水三维流场。结果表明：在矿坑疏干排水条件下，矿坑排水使基岩深部水压力释放，垂向上地下水头梯度已经形成，第四系水以越流形式垂向补给基岩风化裂隙水，地下水运动呈现三维空间流场。

（3）将越流、黏性土释水理论应用于矿山水文地质勘探。矿床开采条件下，深部基岩构造裂隙含水带压力首先释放，并向上传导、扩散，在垂向上水头梯度产生，黏性土压密释水和越流形成。

（4）提出适用此类矿山的涌水量预测方法。解析法进行矿坑涌水量预测时偏差较大，该类矿山涌水量预测时应采用数值模型法。

（5）突破传统的矿山防治水“非疏即堵”思维定式，提出了预留防水矿柱，带压开采、排水降压的防治水措施。根据三维流地下水系统的特点，矿坑涌水量不随开采深度增大而增大、不随降水量变化而变化，传统的矿山防治水或预先疏干或帷幕注浆堵水不适合本类矿山，矿山在预留合理防水矿柱条件下，可带压开采、深部排水降压，对同类矿山的水文地质勘探及防治水具有指导意义。

在我国浅部资源开采殆尽、深部资源亟待开采的情况下，本书对进行矿区水文地质勘探、研究矿床开采条件、充分挖掘矿产资源具有重要的现实意义。

本书共 5 章，第 1 章由袁胜超执笔，介绍了开展矿山地下水三维空间流场模型构建及应用研究的背景与研究思路；第 2 章由刘大金、赵珍执笔，论述了地下水三维空间流场模型构建的理论基础、"厚大弱含水体型"地下水系统构建、"蘑菇型"地下水系统构建理论；第 3 章由李贵仁、韩贵雷、赵珍执笔，论述了矿山地下水三维空间流场模型构建关键技术，包括地下水三维空间观测系统、黏性土释水、越流及黏性土释水和越流之间的关系；第 4 章由袁胜超、刘大金、李贵仁执笔，其中"蘑菇型"地下水系统代表的李楼铁矿和司家营铁矿由袁胜超、刘大金执笔，"厚大弱含水体型"地下水系统代表的北洺河铁矿由李贵仁执笔；第 5 章为研究成果及应用前景，由袁胜超执笔。

在此，特别感谢国务院政府特殊津贴专家、勘察大师折书群同志的学术指导和学风垂范，感谢中国矿业大学（北京）武强院士、河北地质大学许广明教授、华北地质勘查局刘新社教授级高级工程师在本书编写过程中给予的技术指导，感谢张永交、蒋乾周、叶和良等老一辈专家给予作者的支持、帮助和鼓励。

由于作者水平所限，书中不足之处，敬请读者批评指正。

作　者

2022 年 7 月

目　　录

1 绪 论

1.1 概 况

伴随着人口数量的不断增加、城市规模的扩大及工业化的迅猛发展，人类对原材料的需求也急剧增长。矿产资源在国民经济建设中占有举足轻重的地位，在社会迅速发展的同时，人们对铁矿资源的需求也逐渐加大。为了满足需要，矿区生产规模不断扩大，矿区的安全生产也面临着不断的挑战[1]。

在矿产资源的大规模开发过程中，由于对矿区水文地质条件认识不清而引发的安全事故和地质灾害层出不穷，给矿山的正常生产带来威胁，给人民生命和国家财产造成较大损失。对矿区地下水系统进行更加深入的研究，进一步把握矿区地下水的运动规律及地下水的补、径、排条件，明确矿坑涌水的来源与原因，并进行准确的预测，对保证矿区的安全生产具有积极的作用。

矿区防治水工作越来越受到人们的重视，矿山水文地质研究深度不断增加。目前，我国在矿山防治水领域已进行了大量的深入研究，在以往的矿区水文地质勘探中，在不影响预测精度的情况下，大多将其纳入二维平面流范畴。随着矿产资源的开发，特别是在开发规模、开采强度及开采深度不断增加的情况下，地下水垂向运动特征越发显著，地下水流场呈现三维空间流场，在这种条件下如忽略地下水的垂向运动将地下水流系统三维模型简化为二维模型会使模型偏差较大，导致矿坑涌水量预测结果严重失真。

基于以上背景，本书在矿区水文地质勘探实践基础上，充分发挥自身技术经验优势，在认识论、系统论、信息论的指导下，灵活应用水文地质理论和方法，对不同类型、不同特点的地下水系统，获取比较符合客观实际的认识，整体地、联系地、动态地分析、认识地下水系统，揭示地下水的时空分布规律。研究工作依托水文地质条件具有相似性又各具特点的北洺河铁矿、李楼铁矿、司家营铁矿等三个典型矿山，开展矿山地下水三维空间流场模型构建及应用研究，通过构建矿山地下水三维空间流场模型，总结出该系统的运动规律、系统的形成、特点及防治水的关键技术，可深化对矿区水文地质条件的认识，提高矿坑涌水量预测精度，对同类型矿山尤其是深部开采矿山水文地质勘探及防治水工作起到积极的指导作用。

1.2　研究内容

水源与通道构成矿床充水的基本条件，查明矿床充水水源与充水通道是矿区水文地质研究的根本任务。地下水三维空间流场模型构建主要需查明三个问题：一是矿床充水水源是否充沛，矿坑水水源的分布规律；二是矿床充水通道是否畅通，是否存在基岩构造裂隙含水带及展布情况；三是控制上覆水体进入矿坑的关键层位，联系矿床充水水源与基岩构造裂隙带充水通道间的"枢纽"分布规律。

研究工作围绕如下内容展开：

（1）地下水含水系统。界定水文地质单元，将含水层、相对隔水层置于整个地下水系统中进行研究，研究单个含（隔）水层水文地质属性和各个含（隔）水层之间水力联系，厘定充水水源与通道。

（2）矿床充水水源。矿床充水水源关系到矿坑涌水量的大小，因此对各含水层富水性、透水性、空间叠加关系、水力联系及与下部基岩裂隙含水层的关系等需要重点研究。

（3）矿床充水通道。基岩构造裂隙带为矿床充水通道，通道是否畅通需要着重查明。对断裂的规模，岩体破碎程度，断裂带的透水性、富水性和导水性需进行深入研究。

（4）矿床地下水运动规律。通过地下水流场及其动态变化，研究矿床地下水补给、径流、排泄的演变规律，是矿区水文地质工作的核心：一方面研究天然状态下地下水运动特征；另一方面研究疏干状态下地下水运动特征，重点为建立地下水三维观测系统，难点为黏性土释水和越流的研究。

结合水文、气象资料，用系统的、统一的观点分析研究各含水层之间的水力联系及地下水与地表水之间的相互转化关系，查明矿坑水疏干影响边界，为论证和预测矿坑涌水量提供基础资料。

（5）模型构建与矿坑涌水量预测。在查清矿区含水层及水文地质边界条件的基础上，对水文地质模型进行科学合理的概化，建立水文地质模型和数学模型，采用数值模拟，求取水文地质参数，结合矿山开采方案，预测和论证矿坑涌水量，为矿山设计提供依据。

（6）防治水方案。针对三维流地下水系统的特点，矿坑涌水量不随开采深度增大而增大、不随降水量变化而变化，传统的矿山防治水或预先疏干或帷幕注浆堵水不适合此类矿山，为此提出适合此类矿山防治水方案。

1.3 研究方法及技术路线

在完成河北省武安市北洺河铁矿水文地质研究过程中首次提出了矿山地下水三维空间流场模型构建方法，在完成安徽省霍邱县李楼铁矿水文地质研究中将地下水三维空间流场模型构建方法进一步完善和提升，在河北省滦县司家营铁矿水文地质研究工作中再一次完善并形成系统科学的工作方法。技术路线如图 1-1 所示。

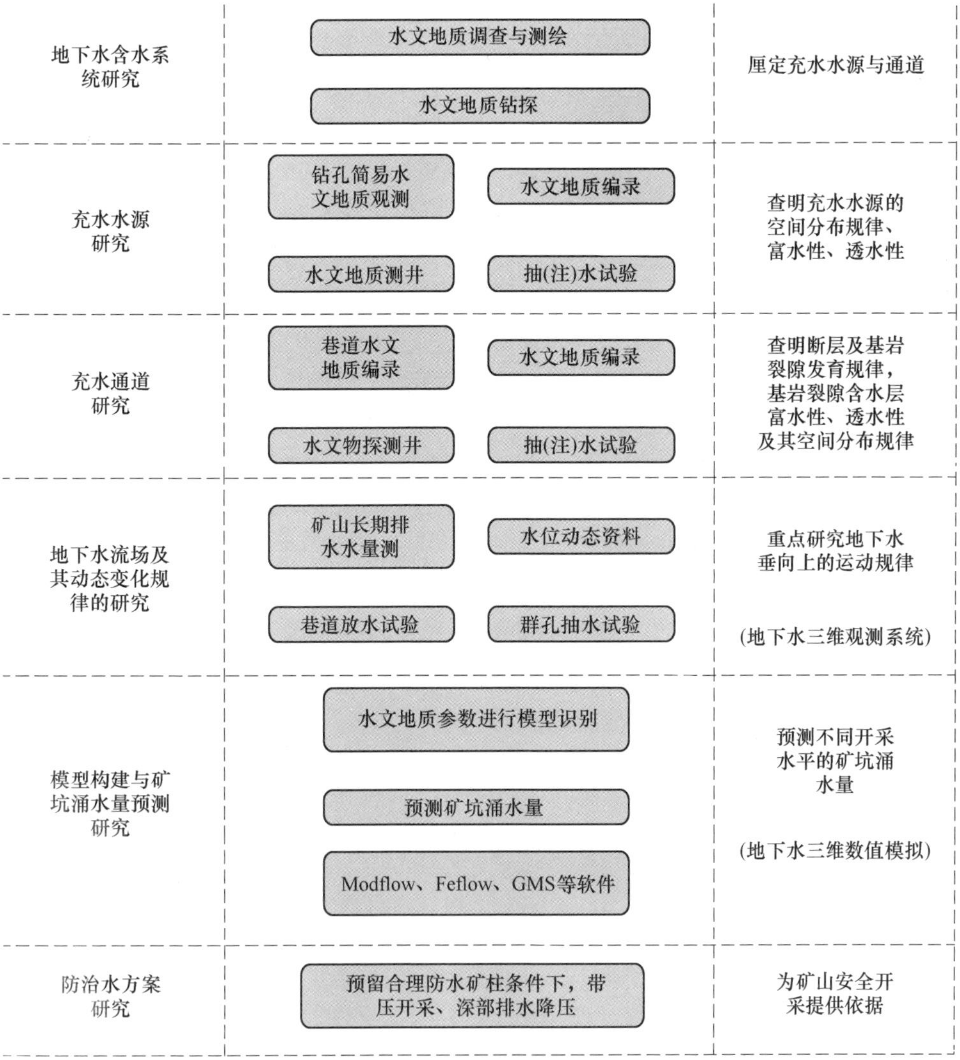

地下水含水系统研究	水文地质调查与测绘		厘定充水水源与通道
	水文地质钻探		
充水水源研究	钻孔简易水文地质观测	水文地质编录	查明充水水源的空间分布规律、富水性、透水性
	水文地质测井	抽(注)水试验	
充水通道研究	巷道水文地质编录	水文地质编录	查明断层及基岩裂隙发育规律，基岩裂隙含水层富水性、透水性及其空间分布规律
	水文物探测井	抽(注)水试验	
地下水流场及其动态变化规律的研究	矿山长期排水水量测	水位动态资料	重点研究地下水垂向上的运动规律
	巷道放水试验	群孔抽水试验	(地下水三维观测系统)
模型构建与矿坑涌水量预测研究	水文地质参数进行模型识别		预测不同开采水平的矿坑涌水量
	预测矿坑涌水量		
	Modflow、Feflow、GMS等软件		(地下水三维数值模拟)
防治水方案研究	预留合理防水矿柱条件下，带压开采、深部排水降压		为矿山安全开采提供依据

图 1-1 技术路线图

研究工作主要采取如下研究方法：

（1）地下水含水系统研究。通过水文地质调查与测绘，查明地下水天然露头和人工露头，通过水文地质钻探，补充揭露地下水人工露头，勾画地下水流场，研究矿区水文地质边界条件、地下水流场分布特征及演变规律。

（2）充水水源研究。立足矿区、放眼区域。区域研究范围应包括地表分水岭以内相对完整的水文地质单元，将地下水、地表水及大气降水作为统一系统进行研究，通过分析编录、钻孔抽水试验、水文测井、钻孔简易水文地质观测、钻孔井内测试等操作，查明充水水源的空间分布规律、富水性、透水性。

（3）基岩裂隙发育规律的研究。通过水文地质编录、巷道水文地质编录并辅助于水文物探测井、钻孔抽注水试验资料，查明基岩裂隙发育规律，基岩裂隙含水层富水性、透水性及其空间分布规律。

（4）地下水流场及其动态变化规律的研究。为获取地下水空间流场及其动态变化特征，采用地下水三维位观测系统，通过群孔抽水试验，给区内地下水以强烈震动，查明各含水层之间的水力联系，研究开采条件下地下水运动规律。本书利用同一钻孔分层观测技术，同时建立不同含水层的地下水观测系统，获得不同含水层的水位。

（5）水文地质模型建立及涌水量预测。通过查明矿区水文地质条件，合理概化水文地质模型，建立水文地质数学模型和数值模型，采用先进的数值模型求解方法，利用矿山长期排水水量、水位动态资料和巷道放水试验资料，调整水文地质参数进行模型识别，最后通过建立的数学模型预测矿坑涌水量。

（6）提出矿山防治水方案。在查明矿区水文地质条件的基础之上，提出符合矿山实际的防治水具体措施。

2 矿区地下水三维空间流场模型构建

2.1 理论基础

2.1.1 地下水系统理论

矿区地下水系统是存在于一定地质环境和开采条件中的复合体。矿区地下水系统的组成要素，主要为五个方面，即开采、地质、水文地质、地形地貌及水文气象，它们按照某种排列方式或组织方式形成了矿区地下水系统的结构。决定其结构特征的则是含水介质类型，如在灰岩地区、坚硬基岩地区或是松散岩层地区，所形成的矿区地下水系统在结构上有明显的不同。矿区地下水系统最主要的特征是在人为干扰条件下形成的，而且随着人为干扰程度的变化，系统也随之发生变化[2]。

地下水系统包括地下水含水系统和地下水流动系统，地下水系统的核心精神是整体性，以普遍联系的观点分析地下水介质场、动力场、水化学场等。

2.1.1.1 地下水含水系统

地下水含水系统是指由隔水或相对隔水岩层圈闭的，具有统一水力联系的含水岩系；地下水含水系统的整体性体现于统一的水力联系：存在于同一含水系统中的水属于统一整体，在含水系统的任一部分加入水量（接收补给）或排出水量（排泄），其影响均将波及整个含水系统。

地下水含水系统的构建必须突破以单个含水层为研究单元的局限，应从地下水介质场角度，以普遍联系的观点，不但研究单个含水层属性，更要研究各个含水层之间的水力联系和组合关系，要重视弱含水层的作用，从而勾画地下含水系统的空间分布特征[3]。

2.1.1.2 地下水流动系统

地下水流动系统是指由源到汇的流面群构成的，具有统一时空演变过程的地下水体。地下水流系统的整体性体现于统一有序的水流；水流以不同级次方式有序运移，水量、盐量、热量发生有规律的时空演变，呈现为时空有序的结构。因此，水流系统是研究水质（水温、热量）时空演变的理想框架与工具[4]。

地下水流动系统分析要坚持发展变化的理念，不但研究天然状态下地下水运动规律，而且以地下水压力传导、扩散为主线，通过假设和演绎，研究开采条件下地下水运动规律。

2.1.2　地下水空间分布特征

地下水按容水空间可分为松散岩类孔隙水、基岩裂隙水、碳酸盐岩类岩溶水。裂隙水贮存并运动在基岩裂隙系统中的地下水，具有强烈的不均匀性和各向异性，水力联系的统一性比较差。

2.1.2.1　基岩裂隙水

基岩裂隙水可分为：风化作用可形成风化裂隙——风化裂隙水，构造应力产生构造裂隙——构造裂隙水，成岩过程中形成成岩裂隙——成岩裂隙水。

A　风化裂隙水

风化裂隙暴露于地表的岩石，在温度和水、空气、生物等风化营力作用下，形成的裂隙。

风化裂隙常在成岩裂隙与构造裂隙的基础上进一步发育，形成密集均匀、连通性好的裂隙网络。风化裂隙带呈壳状分布，一般厚数米到数十米。母岩构成隔水底板，所以风化裂隙水一般为潜水；被后期沉积物覆盖的古风化壳，可为承压水或半承压水。有些情况下，表层风化带的渗透性小于深部风化带，可能形成风化裂隙承压水。风化裂隙的发育受岩性、气候和地形的控制。

空间分布特征：风化裂隙水一般为分布广、厚度不大（在数米至数十米的深度内）、规模比较小的地下水含水层。

B　构造裂隙水

在漫长的地质年代中，地壳发生过无数次的构造运动，在这种构造运动的外力作用，不同性质的岩石表现出不同的力学特性，所产生的裂隙称为构造裂隙，其中所含的地下水称为构造裂隙水。

柔性岩石如页岩、片岩、千枚岩等，岩层受力后常发生小的褶曲及伴生很密集的小裂隙，但是由于切穿性差、张开性不好，不利于地下水的赋存和运动。而致密的硬脆性岩石如白云岩、砾岩、石灰岩、砂岩等，受力后易生成块状破碎，形成发育不均匀的构造裂隙带，张开性、切穿性都比较好，有利于地下水的赋存和运动，是地下水的主要赋存位置，也是山区找水的主要对象之一。然而断层破碎带的性质及其富水性取决于断层的力学性质及两盘的岩性，由张应力产生的张性断层多为正断层，断层两侧裂隙虽然不是很发育，但是裂隙的张开性、切穿性、连通性都很好，有很好的地下水赋存空间和运移通道。由强大的挤压力产生的压性断层，岩石极度破碎，多为压密状糜棱岩等，破碎带本身不但不富水，而且常成为良好的隔水带，但挤压破碎带两侧的影响带中，常有较发育的张开性较好的裂隙发育带，成为较好的地下水赋存空间和运移通道。

空间分布特征：构造裂隙水一般为沿构造展布分布有限、厚度较大、规模较小的带状分布的含水带。

C 成岩裂隙水

岩石在成岩过程中由于岩石的干缩、固结等受内部应力作用而产生的裂隙称为成岩裂隙，这种裂隙中的地下水称为成岩裂隙水。具有较丰富的成岩裂隙水的典型岩石是陆地喷发的玄武岩，岩浆冷凝收缩形成较发育的裂隙，且张开性好，发育较均匀，连通性也好，利于地下水的赋存和运动。此外，入侵的岩脉、岩体等与围岩之间的接触带部位，由于岩浆侵入时的动力及冷凝收缩等，生成较发育的裂隙，有一定的张开性和连通性，常是地下水的富集部位[5]。

空间分布特征：成岩裂隙水一般为沿岩体接触带展布分布有限、厚度较大、规模较小的带状分布的含水带或者柱状含水体。

2.1.2.2 碳酸盐岩类岩溶水

岩溶是指流动的侵蚀性水流与可溶的岩石之间相互作用的过程和由此产生的结果。赋存于各种岩溶空隙中的地下水便是岩溶水。

岩溶水的基本特点是：水量丰富而不均一，含水系统中多重含水介质并存，既有向排泄区的运动，又有导水通道与蓄水网络之间的互相补排运动，水质水量动态受岩溶发育程度的控制。

A 岩溶水分布的不均一性

岩溶水的不均一性是指岩溶含水系统中不同地段富水的差异性和水力联系的各向异性，而且其不均一程度取决于岩溶发育程度。

B 岩溶含水层的含水介质特征

岩溶水含水体中存在着溶蚀孔隙、微裂隙、层面等扩散流介质，溶蚀大裂隙含水介质和管道流介质，可以根据它们各自在岩体中所占的比例大小来划分岩溶含水层类型。

C 岩溶水的运动特征

岩溶含水体中多重含水介质并存，所以导致岩溶水的运动非常复杂多变。在溶孔、溶隙中，地下水缓慢地渗流，水流流态属于层流状态；而在溶洞、暗河等岩溶管道中，地下水流速大，显然处于紊流状态；在介于两者之间的大裂隙中则多显示过渡的混合流状态。

综上所述，对基岩含水层的重新认识是"蘑菇型"地下水系统构建的基础。传统的矿山水文地质勘探中认为基岩含水层为广泛分布的含水体，未对基岩的风化裂隙水、构造裂隙水、成岩裂隙水、碳酸盐岩类岩溶水分别进行研究。通过研究可知，矿区的风化裂隙水为广泛分布的含水层，构造裂隙水为沿断层带状分布的含水带，成岩裂隙水为沿岩体接触带呈带状分布的含水带，碳酸盐岩类岩溶水既有广泛分布的含水层又有独立的管道流，由于基岩裂隙水成因类型不同，不同类型基岩裂隙含水体空间分布、水理性质不同，在地下水运移、储存、排泄等方面也尽不同，因此，将各个含水层（带）进行空间组合，从而勾画成"蘑菇型"地下含水系统。

2.1.3　不同含水介质中地下水流场的研究

2.1.3.1　均质、各向同性、隔水底边水平的无限边界的潜水强含水层

假设在均质、各向同性、隔水底边水平的无限边界的潜水强含水层抽水，抽水前地下水近似水位水平，抽水井为在含水层中心的非完整井[4]。抽水后地下水流场如图 2-1 所示。

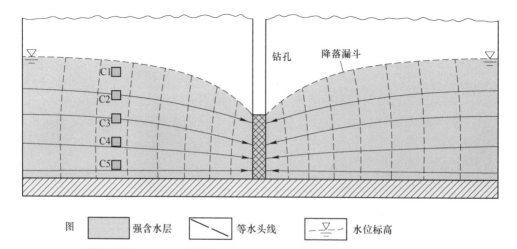

图 2-1　潜水强含水层钻孔抽水的水文地质剖面示意图

该井流的流网特点从剖面上看，地下水等水头线是一系列弯曲程度不等的曲线，垂向上水流速度较小，潜水面由原来的水平状态变成漏斗状，即水位降落漏斗。观测点的水头关系应为：点 1>点 2>点 3>点 4>点 5，水头相差不大。在实际应用中，为了使问题简化，把剖面上的等水头线近似地视为铅直线，即忽略流速的垂向分量，从而把三维渗流问题简化为二维渗流来解决。

在实际的矿区水文地质勘探中，钻孔一般进行单点或者一段混合的地下水水位的观测，在模型中单点水位可以近似代表其他点水位。

2.1.3.2　均质、各向同性、无限边界厚大弱含水层

假设在均质、各向同性、无限边界厚大弱含水层抽水，抽水前地下水近似水位水平，抽水井为在含水层中心的非完整井。抽水后地下水流场如图 2-2 所示。

该井流的流网特点从剖面上看，等水头线是一系列向上弯曲程度不等的曲

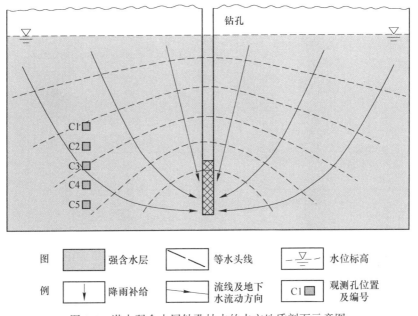

图 2-2　潜水弱含水层钻孔抽水的水文地质剖面示意图

线，垂向上流速较大，地下水以垂向运动为主，由于地下水水平运动较弱及侧向的补给在抽水过程中潜水面保持原来的水平状态。观测点的水头关系应为：点 1>点 2>点 3>点 4>点 5，水头相差较大。在实际应用中，不能把剖面上的等水头线近似地视为铅直线，不能忽略流速的垂向分量，该模型应处理为一个三维地下水流场。

在弱含水层抽水过程中垂向上速度较大，不能进行简化处理，必须以三维流场来研究，在矿山勘探过程中传统的平面观测网络不能满足要求，需建立地下水三维观测系统，以获取同一含水层不同深度的地下水头，刻画地下水三维流场。

2.1.3.3　由多个含水层组成的地下水含水系统

假设从上到下由含水层、弱透水层、含水层、隔水层组成的地下水含水系统，其中含水层、弱透水层均为等厚、均质、各向同性、隔水底边水平的无限边界含水层，抽水前地下水近似水位水平，抽水井为含水层中心的一口非完整井。抽水后地下水流场如图 2-3 所示。

该井流的流网特点从剖面上看，上部潜水含水层等水头线是以一系列垂直线，地下水为垂向运动；上部地下水含水层地下水以越流的形式补给到下部地下水含水层；下部地下水含水层是一系列弯曲程度不等的曲线，垂向上水流速度较小。观测点的水头关系应为：点 1>点 2>点 3>点 4≈点 5，水头相差较大。

多个含水层组成的地下水含水系统在下部强含水层抽水过程中，上下含水层

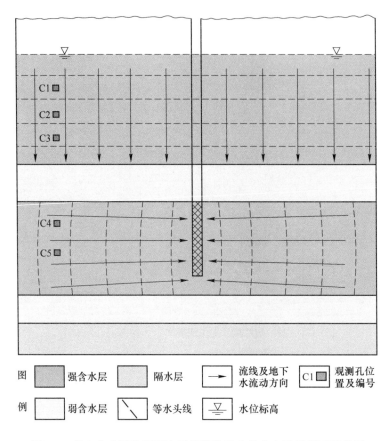

图 2-3 多个含水层的地下水系统钻孔抽水的水文地质剖面示意图

相互连通，上部含水层为垂向运动，下部含水层主要为水平运动，地下水流动系统概化时不能进行简化处理，必须以三维流场来研究，在矿山勘探过程中传统的平面观测网络不能满足要求，需建立地下水三维观测系统，以获取不同含水层地下水头，刻画地下水三维流场。

2.2 "厚大弱含水体型" 地下水系统构建

当矿山主要充水含水层为分布广、厚度大的弱含水层时，由于深部排水，矿床地段中下部含水层为主要径流通道，由于矿区含水层厚度大、透水性弱，矿床地下水接受区域地下水侧向补给水量有限，以垂向补给为主，控制着中上部含水层地下水流场分布，中下部含水层压力释放并向上传导，形成了以疏干巷道为中心的从源到汇的三维空间流场分布特征，垂向存在水头梯度，可概化为 "厚大弱含水体型" 地下水系统[6]。

"厚大弱含水体型"地下水系统特点为：等水头线是一系列向上弯曲程度不等的曲线，垂向上流速度较大，地下水以垂向运动为主，由于地下水水平运动较弱及侧向的补给在抽水过程中潜水面保持原来的水平状态，同一观测点垂向上水头相差较大，如图2-4所示。

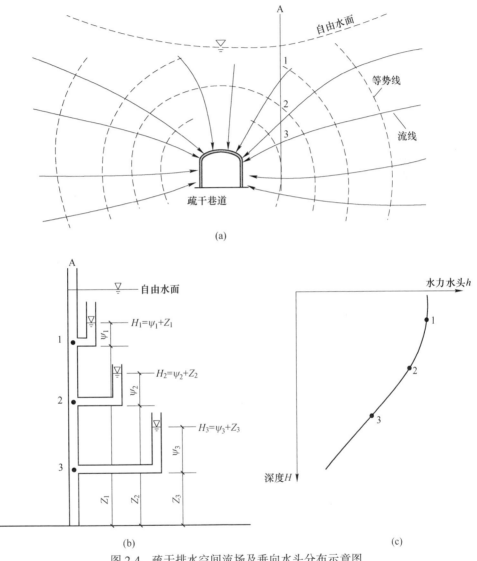

图 2-4 疏干排水空间流场及垂向水头分布示意图

（a）疏干排水空间流场示意图；（b）垂向水头分布示意图；（c）水力水头随深度变化示意图

在该类系统中，巷道排水使深部地下水压力突然释放，地下水以空间渗流形式向排水点汇流，形成了一定范围的地下水压力释放空间场。地下水从势能最高处（即自由水面）向下渗流运动到出水口，在其运动过程中，随着渗流途径增加，水头损失也随之增大，压能水头则要降低（即水位降低），其出水口处附近的水头损失值可根据出水口处附近的压力值来反映。水头损失大小与渗流途径长短和岩层介质渗透性强弱有关。渗透途径越长及渗透介质越弱，水头损失越大；反之，水头损失小。表现为垂向上存在很大的水头梯度，即深部压力降低大，浅部压力降低小。

疏水排水工程控制范围内，地下水运动的流线呈空间辐射状向排水点汇流，流线斜率大小与距排水点远近有关，靠近排水点流线斜率大；远离排水点流线斜率小直至近于水平。地下水等势面呈曲面，其曲率大小与含水层透水性强弱和距排水点远近有关，含水层透水性越弱、越靠近排水点，等势线曲率越大；反之，等势线曲率越小。因此，排水点控制范围内同一位置不同深度存在着水头压力差，垂向上的水头压力差大小与含水层透水性强弱的关系密切，透水性弱，地下水水头损失大，则垂向水头压力差大；反之，地下水水头损失小，垂向水头压力差小。通过垂向上水头压力差大小可判断含水层透水性强弱[7]。

在该类地下水系统的含水层抽水过程中，垂向上速度较大，不能进行简化处理，必须以三维流场来研究，在矿山勘探过程中传统的平面观测网络不能满足要求，需建立地下水三维观测系统，以获取同一含水层不同深度的地下水头，刻画地下水三维流场。

2.3 "蘑菇型"地下水系统构建

2.3.1 "蘑菇型"地下水系统概况

"蘑菇型"地下水系统，可以简化如下：上部是分布广、近似水平的厚大弱含水层为"蘑菇头"；中部是强含水层为"枢纽"；下部是带状分布的强含水层为"蘑菇茎"，如图2-5所示。

"蘑菇型"地下水系统特点为：上部弱含水层的等水头线是一系列向上弯曲程度不等的曲线，地下水主要为垂向渗流，水平上流速度较小；中部强含水层的地下水主要为水平渗流，垂向上流速较小；下部强含水层的地下水为三维流动，地下水主要为垂向渗流，水平上流速度较小。

"蘑菇型"地下水系统组成要素为：（1）上覆厚大含水层形似"蘑菇头"，是各个矿区统一的矿坑充水水源；（2）矿区基岩构造裂隙含水层（带）形似数个"蘑菇茎"，是矿坑充水通道；（3）借鉴钱鸣高院士的关键层理论将"蘑菇头"底部透水性强厚度不大的含水体作为关键层，控制上覆水体进入矿坑的关键层位，是联系矿区充水水源与基岩构造裂隙带充水通道间的"枢纽"。

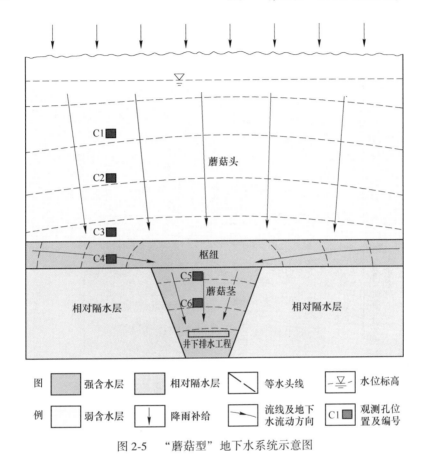

图 2-5 "蘑菇型"地下水系统示意图

在"蘑菇型"地下水系统矿山的水文地质勘探中，传统的平面观测网络不能满足要求，需建立地下水头三维观测系统，以获取不同含水层、同一含水层不同深度的地下水头，刻画地下水三维流场。

2.3.2 李楼铁矿"蘑菇型"地下水系统

安徽省霍邱县李楼铁矿，根据地下水类型划分为松散岩类孔隙水、碎屑岩类孔隙裂隙、碳酸盐岩裂隙岩溶水、变质岩类裂隙水。第四系含水层、青白口系裂隙含水层及周集组裂隙含水层之间虽有相对隔水层存在，但隔水层的厚度、岩性、分布等均有变化，各含水层之间存在不同程度的水力联系，可视为统一含水系统，其特点是厚度大、分布广、透水性和富水性弱。矿体及其顶底板接触带附近构造裂隙比较发育，富水性、透水性较强，客观上形成一个南北向狭长的富水带。因此，从空间上看，地下含水系统是上部为分布广、近似水平厚大弱含水体，下部连接着一个透水性较强的南北向集水廊道[8]，如图 2-6 所示。

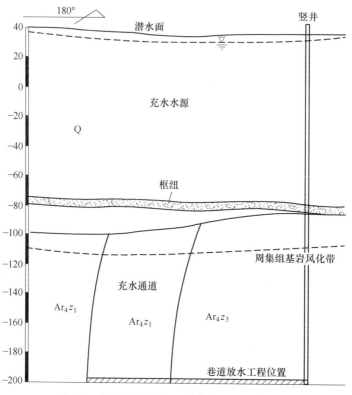

图 2-6 安徽李楼铁矿"蘑菇型"地下水系统

该地下含水系统形似"蘑菇状",矿体上覆周集组风化裂隙含水层、青白口系风化裂隙含水层与第四系孔隙含水层,为厚度大、分布广、透水性和富水性弱的统一含水系统,形似"蘑菇头"广泛分布全区;矿体及其顶底板接触带附近,构造裂隙含水带形似"蘑菇茎"呈南北向带状展布,为矿床充水通道;而第四系底部细砂砾石层厚度小、透水性强,具有一定展布,是矿区主要含水层,它不但影响矿坑充水强度,还控制着矿坑疏干排水影响边界。上部厚大弱含水体即"蘑菇头",为矿坑充水来源;下部狭长带状廊道即"蘑菇茎",为矿坑水储存和运移通道;二者之间薄层砾石含水层即"蘑菇茎",透水性较强,为矿区主要含水层,是矿坑充水强度的主要影响因素,控制着矿坑疏干排水影响边界范围。

由于矿坑排水,第四系底部地下水向排水点方向运动,地下水压力水头降低并迅速向四周传导,上覆第四系厚大弱含水层地下水在压力差作用下垂向越流补给该层水,地下水在运动过程中因克服介质阻力要产生能量损耗,即压能降低。上部能量损失小,水头压力高;下部能量损失大,水头压力低,同一地面不同深度的水头压力是不一样的,垂向上不同深度的水头压力差大小随含水介质透水性强弱而变化。透水性弱,则垂向上水头压力差大;反之,则小。

2.3.3 司家营铁矿"蘑菇型"地下水系统

司家营铁矿自上而下分布着三个含水层，即第四系松散岩孔隙水含水层、基岩风化裂隙水含水层、基岩构造裂隙水含水层。由于构造运动，在新河断裂带与西部变质辉长辉绿岩脉之间形成富水性中等至强的基岩构造裂隙含水带，该含水带沿着南矿段、大贾庄矿段呈南北向带状分布；其两翼构造不发育，裂隙不发育，含水微弱；基岩构造裂隙含水带之上为广泛分布的基岩风化裂隙含水层和第四系松散岩孔隙水含水层，上述各个含水层之间具有一定的水力联系，从而构成统一的地下含水系统[9]。该地下含水系统形似"蘑菇状"，第四系松散岩孔隙水含水层和基岩风化裂隙含水层形似"蘑菇头"广泛分布全区，为矿床充水水源；基岩构造裂隙含水带形似"蘑菇茎"呈南北向带状展布，为矿床充水通道，如图2-7所示。基岩构造带之上的强风化带和第四系底部黏性土构成弱含水层，削弱了第四系水与基岩裂隙水间的水力联系，其空间分布及其透水性是影响矿床充水的主要因素[10]。

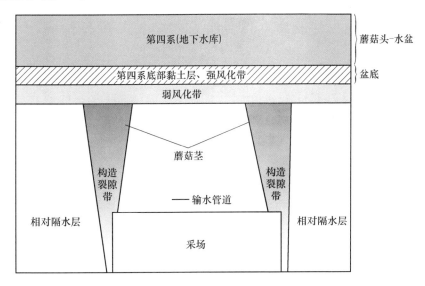

图 2-7 司家营铁矿"蘑菇型"地下水系统

司家营铁矿由于巷道置于基岩深部，矿坑长期排水使深部基岩构造裂隙水压力突然释放，上部风化裂隙水以空间渗流形式向排水点汇聚，形成了一定范围的地下水压力释放空间场，垂向上形成水头梯度。在垂向压力差作用下，强风化带与第四系底部黏性土首先固结压密释水，其垂向渗透系数逐渐衰减，待黏性土中水头降低波及整个黏性土厚度时，压密释水减小，越流量增加。当基岩水位降至强风化带底板时，由于黏性土顶底板水头差恒定，黏性土固结压密释水结束，矿坑水以第四系水越流量为主,如图 2-8 所示。不管是黏性土压密释水,还是第四系水越流,这部分水均以垂向面状补给到基岩弱风化带,然后通过构造破碎带进入矿坑,第四系水为矿床充水最终水源,基岩构造裂隙带为矿床充水主要通道,构造裂隙带之上强风化带和第四系底部黏性土是联系水源与通道的"枢纽",是影响矿坑涌水量的主要因素。

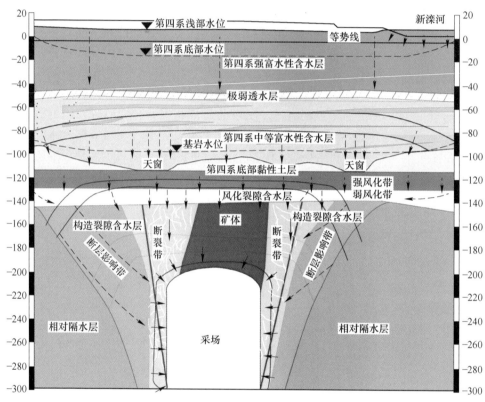

图 2-8 司家营铁矿矿区开采条件下基岩地下水空间流场分布图

3 矿山地下水三维空间流场模型构建关键技术分析

黏性土释水和越流理论是矿山地下水三维空间流场模型构建关键技术。

3.1 地下水三维空间观测系统

在以往的水文地质勘探工作中，受钻探和分层止水技术的影响，观测系统多为二维平面系统，观测的水位多为某一含水层水位或混合水位，显然无法刻画地下水的三维流特征。

本书利用同一钻孔分层观测技术，通过该技术实现了同一钻孔不同含水层地下水位观测和同一钻孔同一含水层不同深度的地下水水位观测，避免了同一地点施工多个观测孔，从而降低了工程造价，缩短了工期。以司家营铁矿为例，根据分层观测系统分析表明，在矿坑疏干排水条件下，矿坑排水使基岩深部水压力释放，地下水运动发生改变，垂向上地下水头梯度已经形成，基岩地下水头低于第四系地下水头，第四系水以越流形式垂向补给基岩风化裂隙水，地下水运动呈现三维空间流场。

3.2 黏性土释水

3.2.1 黏性土释水压密的基本原理

饱水黏性土承重时，一部分应力由孔隙中的水承受，这部分相当于孔隙水压力 μ（任意一点的孔隙水压力等于该点的测压高度与水的密度之积）；另一部分由土的骨架所承受，称之为有效应力 p_z。这两部分应力之和等于土体所承受的总应力 p，这就是著名的太沙基有效应力原理。以往的研究表明，解决开采地下水引起的黏性土释水压密问题时，基本可采用太沙基的有效应力原理及方程[11]。

为讨论释水作用过程时方便计算，现给定以下条件：（1）黏性土层粒度、结构均匀，无虫孔、根孔、裂隙等，厚度大，延伸远，并隔绝其上、下含水层，使之不发生直接的水力联系；（2）开采前，包括含水层及黏性土层在内的含水系统中每一点的水头均相等；（3）假定水在黏性土中渗透符合达西定律；（4）开采时，承压含水层中的水头瞬时下降了一个不是很大的 Δh 值并稳定很长时间，潜水含水层中的水位保持不变。

未抽水之前，含水层及相邻黏性土弱透水层中的水头处于平衡状态。抽水后，含水层水头降低，相邻黏性土层与抽水含水层之间产生水头差，在水力梯度作用下，黏性土层中的水向含水层释出，降低了土中的孔隙水压力，一部分原来由水所承担的上覆地层压力转嫁到黏性土骨架上，引起有效应力增加使土体压密。释出水的体积等于土的体积减少值。在这一过程中，释水压密是同步发生的，前者是因，后者是果。黏性土变形在微观上体现为：结构体之间相对位移，孔隙变小；结构体内部的黏土矿物发生定向排列和旋转等相对位移，结构孔隙变小；这些变形大部分是不可逆的。

根据黏性土层的前期固结压力 p_c 与该土层目前所承受的有效自重压力 p_0 的关系，可确定黏性土层的天然固结状态：（1）当 $p_c < p_0$ 时，黏性土层为次固结状态；（2）当 $p_c = p_0$ 时，黏性土层为正常固结状态；（3）当 $p_c > p_0$ 时，黏性土层为超固结状态。天然固结状态不同的土，释水压密特征也有所不同。

3.2.2　黏性土释水压密的基本模式

由于黏性土层渗透性很差，孔隙水释出缓慢，在含水层水头下降瞬时间，除下交界面上的点外，土中其余各点的水头保持不变。孔隙水渗流从距抽水含水层很近的地方开始，滞后地向远距含水层的另一侧发展。土体中各点与含水层的距离不相同，相应的水力梯度和渗透速度也不等。渗流方向朝着抽水含水层。当时间分别等于 t_i（$i = 1$、2、3、4）时，对应点（$j = a$、b、c、d）的水开始渗流（见图 3-1）。随着各点的水头降低，孔隙水压力减小，有效应力增加，土体随之压密。当 d 点（上分界面的点）发生渗流时，潜水含水层中的水开始进入黏性土层，从而产生垂向渗流，即开始越流。随着时间的延续，黏性土层中的水头不断降低，水力梯度变小，孔隙水释出速度减小；

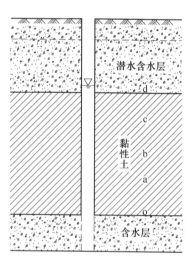

图 3-1　承压水含水层水头降低
黏性土层释水压密图

相应地，孔隙水压力降低和有效应力增加的速度也减小。与此同时，越流水量不断增大。最后，当孔隙水压力达到新的稳定状态时，水力梯度变为定值，越流量变为常量。此时，黏性土释水压密基本完成[12]。

抽水过程中黏性土释水压密的特征是：与含水层的水位变化相比，黏性土层中孔隙水压力降低是滞后、减幅的。黏性土层释水压密在时间上显示滞后，由近抽水含水层一侧向远离抽水含水层一侧发展；释水压密量在空间上的分布不均匀，近抽水含水层处释水压密量大，远离抽水含水层变小。

抽水含水层得到的垂向流入由两部分组成：

（1）黏性土中储存水的释出，它使土体孔隙水压力降低，有效应力增加，土体压密；

（2）来自相邻的非抽水含水层的越流，它并不引起黏性土中孔隙水压力降低。

两者的渗流速度均受黏性土中水头分布状态的控制，前者随时间延续逐渐减小，后者逐渐增大。理论上，只有当时间延续无穷大时，各点孔隙水压力趋于稳定，释水停止，越流速度趋于常值。事实上，非抽水含水层中的水头通常随越流的延续而降低。这将导致黏性土中孔隙水压力不断降低，有效应力不断增加，黏性土便不断释水压密。在这种情况下，越流速度也因水力梯度和黏性土渗透系数的不断降低而降低。

3.2.3　影响黏性土释水的因素

3.2.3.1　固结程度对黏性土释水的影响

在一个孔隙承压含水系统中，不同时代的黏性土层在地质时期所经历的加荷、卸荷应力历史及胶结、溶滤等风化物理作用不同，处于不同的天然固结状态。对一个未经开采的孔隙承压含水系统来说，埋藏浅、时代新的黏性土层多属于正常固结，释水压密量大，呈塑性释水特征；埋藏深、时代老的黏性土层多属于超固结状态，释水压密量小，以弹性释水为主。

3.2.3.2　开采水位变动对黏性土释水的影响

在开采影响下，孔隙承压含水系统中的季节性水位升降变化对黏性土释水压密的影响最大。

3.2.3.3　黏性土储水系数及影响因素

开采过程中，黏性土储水系数有以下主要特征：

（1）黏性土层储水系数是一个变量（含水层、储水系数是定值）。

（2）水位下降时储水系数大，水位上升时储水系数小。表明其一般呈现塑性释水特征（水位升、降时，含水层储水系数相同，呈弹性释水特征）。

（3）水位下降值越大，黏性土固结程度越低，则储水系数越大，且呈塑性释水特征。水位下降值越小，黏性土固结程度越高，则储水系数越小，呈弹性释水特征。

（4）厚层的黏性土在开采过程中储水系数衰减慢，由塑性释水转向弹性释水时间长。与薄层砂互层的黏性土，储水系数衰减快，容易转向弹性释水。

（5）含水系统开采过程中如果保持水位不持续下降，前期，黏性土层储水系数大，后期，储水系数变小。如果水位持续下降，黏性土层可长期保持相当大的储水系数。

河北钢铁集团矿业有限公司司家营铁矿水文地质补充勘探项目由于巷道置于基岩深部，矿坑长期排水使深部基岩构造裂隙水压力突然释放，上部风化裂隙水以空间渗流形式向排水点汇聚，形成了一定范围的地下水压力释放空间场，垂向上形成水头梯度。在垂向压力差作用下，强风化带与第四系底部黏性土首先固结压密释水，其垂向渗透系数逐渐衰减，待黏性土中水头降低波及整个黏性土厚度时，压密释水减小。

3.3　越　　流

越流指抽水层上面或下面不是隔水层而是弱透水层，相邻含水层通过弱透水层或者弱透水层自身弹性储量的储存、释放与抽水层发生水力联系的水力现象。这种包含抽水层、弱透水层和相邻含水层的系统称为越流系统。

3.3.1　数学模型

设一个有限封闭非均质含水层系，它由两层弹性含水层、中间夹一层黏弹性弱透水层组成，如图 3-2 所示。一口完整井钻开下层含水层，并以定流量 Q_0 生产，这时抽水含水层的水位沿水平径向下降，从而使弱透水层水位沿垂直方向变化，并逐渐波及非抽水含水层。由于弱透水层的渗透系数 K 远小于含水层的，可以认为：地下水在弱透水层沿垂直方向流动，而在含水层中沿水平方向流动。

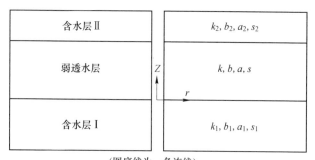

（图底线为一条连线）

图 3-2　含水层系统示意图

用微分方程组及其边值条件，描述上述问题，抽水含水层Ⅰ表示如下：

$$\frac{1}{r} - \frac{\partial}{\partial r}\left(r\frac{\partial s_1}{\partial r}\right) + \frac{K}{T_1} \cdot \frac{\partial s}{\partial Z}\Big|_{Z=0} = \frac{1}{x_1} \cdot \frac{\partial s_1}{\partial t} \tag{3-1}$$

$$s_1(r,0) = 0 \tag{3-2}$$

$$\left(r \frac{\partial s_1}{\partial r} \right)_{r-r_w} = \frac{Q_0}{2\pi T_1} \tag{3-3}$$

$$\frac{\partial S_1}{\partial R}(r_e,\ t) = 0 \tag{3-4}$$

黏弹性弱透水层表示如下:

$$\frac{\partial^2 s}{\partial z^2} = \frac{1}{x} \frac{\partial s}{\partial t} + \frac{c}{x^t} - \frac{\partial}{\partial t} \int_0^t s(r,\ z,\ \tau) \cdot e^{-c(t-\tau)} \cdot d\tau \tag{3-5}$$

$$s_1(r,z,0) = 0 \tag{3-6}$$

$$s(r,0,t) = s_1(r,t) \tag{3-7}$$

$$s(r,b,t) = s_2(r,t) \tag{3-8}$$

非抽水含水层Ⅱ表示如下:

$$\frac{1}{r} \frac{\partial}{\partial r}\left(r \frac{\partial s_2}{\partial r} \right) - \frac{K}{T_2} \frac{\partial s}{\partial z}\Big|_{z=b} = \frac{1}{x_2} \frac{\partial s_2}{\partial t} \tag{3-9}$$

$$s_2(r,0) = 0 \tag{3-10}$$

$$\frac{\partial s_2}{\partial r}(r_w,\ t) = 0 \tag{3-11}$$

$$\frac{\partial s_2}{\partial r}(r_e,\ t) = 0 \tag{3-12}$$

其中 $\qquad x = K/r_w(n\beta + \alpha)$; $x' = K/\gamma_u \alpha'$; $c = 1/\alpha'\eta$

式中 $\quad \alpha,\ \alpha'$ ——黏弹性介质主、次固结的压缩系数;

$\qquad \eta$ ——黏弹性介质黏滞系数;

$\qquad \beta$ ——液体压缩系数;

$\qquad r_w$ ——液体重率;

$\qquad n$ ——孔隙度;

$\qquad K$ ——渗透系数;

$\qquad b$ ——厚度;

$\qquad T$ ——输水系数;

$\quad r_u,\ r_e$ ——井和含水层外边界半径;

$\qquad Q_0$ ——从含水层Ⅰ中抽取的定流量;

下标 1, 2——含水层Ⅰ和Ⅱ的量;

无下标——弱透水层的量。

3.3.2 加权平均微分方程组

定义加权平均无因次水位降深为:

$$\bar{s} = \frac{2\pi T_1}{Q_0} \int_{r_w}^{\overline{r_e}} s \cdot \bar{r} \cdot d\bar{r} \tag{3-13}$$

其中, $\bar{r} = r/b$。

从 $\bar{r}_w$ 到 $\bar{r}_s$ 分别对式（3-1）~式（3-12）积分，得其加权平均无因次水位降深方程如下：

$$1 + \frac{T}{T_1} \frac{\partial \bar{s}}{\partial \bar{z}}\bigg|_{\bar{z}=0} = \frac{\mathrm{d}\bar{s}_1}{\mathrm{d}\bar{t}} \tag{3-14}$$

$$\bar{s}_1(0) = 0 \tag{3-15}$$

$$\frac{\partial^2 \bar{s}}{\partial \bar{z}^2} = \frac{x_1}{x} \frac{\partial \bar{s}}{\partial \bar{t}} + \lambda \frac{x}{x'} \frac{\partial}{\partial \bar{t}} \int_0^{\bar{t}} \bar{s}(\bar{z}, \tau) \cdot \mathrm{e}^{-\lambda(\bar{t}-\tau)} \cdot \mathrm{d}\tau \tag{3-16}$$

$$\bar{s}(\bar{z}, 0) = 0 \tag{3-17}$$

$$\bar{s}(0, \bar{t}) = \bar{s}_1(\bar{t}) \tag{3-18}$$

$$-\frac{T}{T_2} \frac{\partial \bar{s}}{\partial \bar{Z}}\bigg|_{\bar{Z}-1} = \frac{x_1}{x_2} \frac{\partial \bar{s}}{\partial \bar{t}} \tag{3-19}$$

$$\bar{s}_2(0) = 0 \tag{3-20}$$

其中　　　　　　$\bar{z} = z/b$；　$\bar{t} = x_1 t/b^2$；　$\lambda = c \cdot b^2/x_1$

3.3.3　Laplace 变换空间的解

定义水位降深映像函数为：

$$u(\bar{z}, p) = \int_0^\infty \bar{s}(\bar{z}, \bar{t}) \cdot \mathrm{e}^{-p\bar{t}} \mathrm{d}\bar{t} \tag{3-21}$$

$$\frac{1}{p} = \frac{T}{T_1} \frac{\mathrm{d}u}{\mathrm{d}\bar{z}}\bigg|_{\bar{z}-0} = pu_1 \tag{3-22}$$

$$\frac{\mathrm{d}^2 u}{\mathrm{d}\bar{Z}^2} = \frac{x_1}{x} pu + \lambda \frac{x_1}{x'} \frac{p}{p+\lambda} u = \xi(p) \cdot u \tag{3-23}$$

$$u(o, p) = u_1(p) \tag{3-24}$$

$$u(1, p) = u_2(p) \tag{3-25}$$

$$-\frac{T}{T_2} \frac{\mathrm{d}u}{\mathrm{d}\bar{Z}}\bigg|_{\bar{Z}-1} = \frac{x_1}{x_2} pu_2 \tag{3-26}$$

常微分方程组式（3-22）~式（3-26）的解为：

$$u(\bar{Z}, p) = A \cdot \mathrm{ch}(\sqrt{\xi}\bar{z}) + B \cdot \mathrm{sh}(\sqrt{\xi}\bar{z}) \tag{3-27}$$

$$A(p) = \frac{1}{p^2} \frac{\mathrm{ch}\sqrt{\xi} + \dfrac{T_2}{T} \dfrac{x_1}{x_2} \dfrac{p}{\sqrt{\xi}} \cdot \mathrm{sh}\sqrt{\xi}}{\Theta} \tag{3-28}$$

$$B(p) = -\frac{1}{p^2} \cdot \frac{\text{sh}\sqrt{\xi} + \dfrac{T_2}{T}\dfrac{n_1}{n_2}\dfrac{p}{\sqrt{\xi}}\text{ch}\sqrt{\xi}}{\Theta} \tag{3-29}$$

$$\Theta = \left(1 + \frac{T_2}{T_1}\frac{x_1}{x_2}\right) \cdot \text{ch}\sqrt{\xi} + \left(\frac{T}{T_1}\frac{\sqrt{\xi}}{p} + \frac{T_2}{T}\frac{x_1}{x_2}\frac{p}{\sqrt{\xi}}\right)\text{sh}\sqrt{\xi} \tag{3-30}$$

式中　ch( )，sh( )——双曲线余弦和正弦函数。

$$\overline{\varphi}(\overline{Z},p) = -\frac{T}{T_1}\frac{\text{d}u}{\text{d}\overline{z}} = -\frac{T}{T_1}\sqrt{\xi}\left[A \cdot \text{sh}(\sqrt{\xi}\overline{z}) + B \cdot \text{ch}(\sqrt{\xi}\overline{z})\right] \tag{3-31}$$

当 $\lambda = 0$ 时，$\xi(p) = \dfrac{x_1}{x_2}p$；式 （3-12）为不考虑弱透水层黏弹性性质公式。

当 $p \geqslant 1$ 时
$$\xi \approx \frac{x_1}{x_2}p$$

当 $p \approx 1$ 时
$$\xi \approx \frac{x_1}{x}p + \lambda\frac{x_1}{x_2}$$

当 $p \leqslant 1$ 时
$$\xi \approx \left(\frac{n_1}{n} + \frac{n_1}{n'}\right)p$$

从而可知：在抽水初期、中期，水位降深有一个平缓变化段；水位降深主要由抽水含水层的性质所决定；抽水后期，非均质含水层类似一等价的均质含水层。根据 Lapalce 变换终值定理，得出进入抽水含水层中稳定的相对越流量如下：

$$\varphi(0) = \lim_{t\to\infty}\varphi(0,t) = \lim_{p\to0}p \cdot \overline{\varphi}(0,p) = \frac{\dfrac{T}{T_1}\left(\dfrac{n_1}{n} + \dfrac{x_1}{x'}\right)}{1 + \dfrac{T}{T_1}\left(\dfrac{n_1}{n} + \dfrac{n_1}{n'}\right) + \dfrac{T_2}{T_1}\dfrac{n_1}{n_2}} \tag{3-32}$$

3.3.4　数值反演的结果

根据 Stehfest，Laplace 变换进行数值反演，反演后公式为：

$$\overline{s}(\overline{Z},\overline{t}) = \frac{\ln2}{\overline{t}}\sum_{t-1}^{N}V_i u(\overline{Z},p) \tag{3-33}$$

$$V_i = (-1)^{\frac{N}{2}+i}\sum_{k-\left[\frac{i+1}{2}\right]}^{\min\left(i\cdot\frac{N}{2}\right)}\frac{k^{\frac{N}{2}+1} \cdot (2k)!}{\left(\dfrac{N}{2} - k\right)! \ (k!)^2(i-k)! \ (2k-1)!} \tag{3-34}$$

其中
$$p = i\ln2/\overline{t}$$

式中　N——偶数；

　　[·]——正整数；

k——正整数。

将式（3-27）~式（3-31）分别代入数值反演公式（3-33）和式（3-34）后，取 N 为 8 或 10，对不同水文地质参数进行计算，其部分计算结果（水位降深）绘于图上，图3-3对应弹性弱透水层-含水层系统，图3-4对应于黏弹性弱透水层-弹性含水层系统。从图3-3和图3-4中曲线变化趋势可知：数值结果与理论分析结果是一致的，即介质的黏弹性相当于双重孔隙介质或有延迟补给的情形；当抽水时间够长后，越流量趋于常数，平均水位降深随时间直线增长。

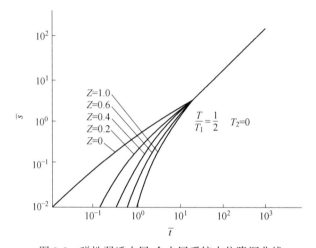

图 3-3 弹性弱透水层-含水层系统水位降深曲线

$$\left(\frac{x_1}{x}=10,\ \frac{x_1}{x'}=0\right)$$

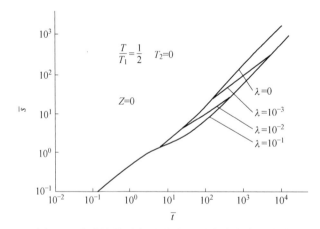

图 3-4 黏弹性弱透水层-含水层系统水位降深曲线

$$\left(\frac{x_1}{x}=10,\ \frac{x_1}{x'}=2\right)$$

安徽省霍邱县李楼铁矿水文地质研究项目在疏干降水的情况下，矿区第四系底部地下水补给深部基岩裂隙水，由于该含水层空间分布面积大、厚度小、透水性较强，但补给条件较差，因此，第四系底部水头迅速降低并扩展，使得上覆第四系厚大弱含水层在水头差的作用下，垂向越流补给第四系底部地下水，然后补给矿坑水，如图3-5所示。

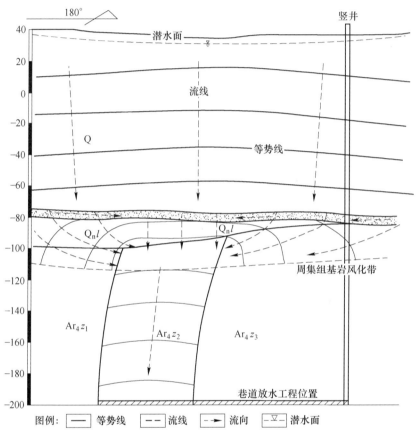

图 3-5　李楼铁矿降水疏干的地下水空间流场分布示意图

地下水流线呈空间辐射状向排水点汇流，等势面为曲面。等势面曲率大小与排水点远近、含水介质透水性有关。排水点附近等势面曲率大，流线呈辐射状分布（空间流），由于第四系底部砂碎石含水层透水性强，等势面曲率小并近于竖直，流线呈水平状分布（平面流）；上覆第四系厚大弱含水层，等势面曲率小但近于水平，流线呈垂直状分布（垂向越流）。

河北钢铁集团矿业有限公司司家营铁矿水文地质补充勘探项目由于矿山排水系统置于基岩深部，矿坑排水使构造裂隙带水压力突然释放，从而引起大范围的风化裂隙水含水层水头降低并迅速扩展，在垂向水头梯度作用下，矿床开采前期，基岩地下水存在第四系底部黏性土、强风化带压密释水和第四系水垂向越流双重补给，后期以第四系水越流为主，矿床开采不能预先疏干。由于第四系底部黏性土、强风化带透水性弱，固结压密过程使其透水性能进一步衰减，矿坑排水使得第四系水头降低少，基岩水头降低多，垂向上存在很大的水头梯度，地下水头呈现三维空间流场。

3.4　黏性土释水和越流之间的关系

抽水含水层水位一经降低，相邻的非抽水含水层的水没有立即向抽水含水层越流。越流滞后时间是指从抽水含水层出现水头降低起，到黏性土层与另一侧非抽水含水层交界面十分近处的黏性土层中，开始出现可观测到的水头降低所需的时间。当抽水时间小于"越流滞后时间"时，不发生越流；抽水含水层得到的垂向流入全部来自黏性土中储存水释出。当抽水时间大于越流滞后时间，出现越流[13]。

黏性土释水与越流发生过程之间的关系指出：相邻含水层出现水头差的初期，黏性土首先出现黏性土释水压密，当黏性土中水头降低波及整个黏性土厚度时，越流才会发生，越流发生明显滞后于水头差形成的时间[14]。

3.4.1　黏性土释水和越流发展过程

加荷后出现的黏性土释水和越流发展过程具有明显的阶段性，如图 3-6 所示，第一阶段，黏性土释水阶段，原来的越流暂时停止，释水速度由快变慢；第二阶段，黏性土释水与越流同时进行阶段，释水速度小，且衰减慢，而越流渗透速度随时间增加较快；第三阶段，黏性土释水完全停止，越流渗透速度变为常量。

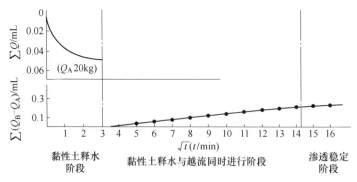

图 3-6　黏性土释水和越流发展过程中的时间-水量关系图

$\sum Q$—渗透流量；$\sum (Q_B - Q_A)$—黏性土释水量

3.4.2 黏性土吸水回弹与越流发展过程

采用卸荷试验模拟水位上升期间黏性土吸水与越流发展过程的关系，如图 3-7 所示，表明整个过程与前述试验原理相符，具有明显的阶段性，可分为黏性土吸水阶段，黏性土吸水与越流同时存在阶段，越流渗流稳定阶段。

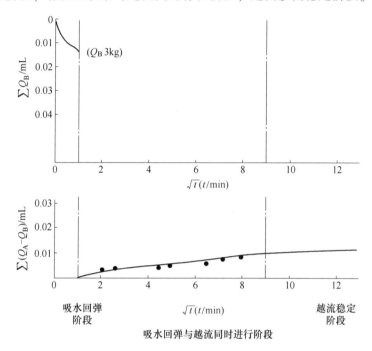

图 3-7　黏性土吸水回弹与越流发展过程的时间-水量关系图

在反复加荷、卸荷条件下，第一次加荷释出水量和越流滞后时间远比第二次大，随着加荷、卸荷次数增加，土的变形接近于弹性变形，释水量和越流滞后时间趋于定值。在逐级加荷条件下，黏性土释水量逐渐增加，随着土的压密程度增高，孔隙变小，释水时间增加，越流时间相应变大[15]。

3.4.3 越流滞后时间的计算方法

黏性土释水压密过程是一维固结问题，越流滞后时间与黏性土内孔隙水压力消散引起的水头分布变化有关，因此，可用一维固结理论来求越流滞后时间。图 3-8 为黏性土中水头变化及压密释水关系。

某一时刻土的平均固结度 U_t，由该时刻的水头分布线 H_1、H_2、H_3、H_4 围成的面积（阴影部分）与平行四边形 $H_1H_2H_3H_4$ 的面积比给出。图 3-8 中，若 t_3 时刻土中最高水头值低于 H_1，越流重新开始。因此，只要找出 t_3 时刻的 U_t，就可

根据 U_t 与时间因素 T_V 的关系曲线找到相应的 T_V 值，代入式（3-35）中求出 t_3，即越流滞后时间：

$$t = \frac{T_V L^2}{C_V} \tag{3-35}$$

式中 C_V——固结系数；

　　L——黏性土厚度的一半；

　　t——达到平均固结度 U_t 所需时间。

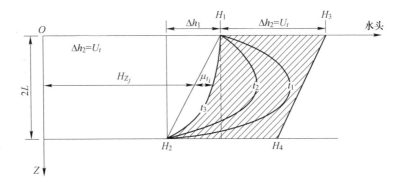

图 3-8 黏性土中水头变化及压密释水关系图

H_1，H_2—加荷前的水头分布线；H_3，H_4—加荷载 Δp 瞬间，土中 t_0 时刻的水头分布线；

曲线 t_1，t_2，t_3—不同时刻的水头分布线；H_{Z_j}—土中 j 深度上的水头值；

μ_{t_i}—i 深度上 t 时刻的孔隙水压力

土中任意一点 i 在 t 时刻的水头值可由式（3-36）求出：

$$H_{Z_i} = H_{Z_j} + \mu_{t_i} \tag{3-36}$$

μ_{t_i} 与时间和深度 Z_i 的函数关系表示如下：

$$\mu_{t_i} = \sum_{N=0}^{\infty} \left(\frac{4\mu_i}{(2n+1)\pi} \sin \frac{(2n+1)\pi Z_i}{2L} \right) e^{-\frac{(2N+1)^2 \pi^2}{4} T_V} \tag{3-37}$$

式中 N——正整数；

　　μ_i——常量，是加上荷载压力 Δp 后瞬间的孔隙水压力（$\mu_i = \Delta p$）。

将式（3-37）代入式（3-36）得：

$$H_{Z_i} = H_{Z_j} + \sum_{N=0}^{\infty} \left(\frac{4\mu_i}{(2n+1)\pi} \sin \frac{(2n+1)\pi Z_i}{2L} \right) e^{-\frac{(2N+1)^2 \pi^2}{4} T_V} \tag{3-38}$$

在黏性土 $2L$ 上，按一定步长选取 Z_i 值，给定一个 T_V 值，即可根据式（3-38）计算不同深度上 H_{Z_i} 值，得出一组 H_{Z_i} 值，选取最大 H_{Z_i} 的值与 H_1 比较，若 $H_{Z_i} > H_1$，更换 T_V 值，再进行计算，直到有 $H_{Z_i} < H_1$ 为止。将该 T_V 值代入式

(3-35) 中，求出的 t 值就是越流滞后时间。与 T_V 相对应的 U_T 即是发生越流时，土的平均固结度[16]。

河北钢铁集团矿业有限公司司家营铁矿的构造裂隙带（即矿区基岩强富水区、中等富水区）之上的第四系底部黏性土层与强风化带厚度大、分布广，是联系第四系水源与基岩构造裂隙带充水通道间的"枢纽"。矿床开采初期，基岩构造裂隙含水带压力首先释放，将引起很大范围的基岩弱风化裂隙水含水层地下水头释放，第四系底部与基岩弱风化裂隙含水层间形成水头差，由于土体孔隙水压力降低被压密，从而引起大面积第四系底部黏性土层与强风化带固结压密释水，矿坑排水初期很大部分水来自黏性土压密释水，第四系水越流量占少部分，黏性土因被压缩，渗透系数、孔隙率、含水率逐步衰减，衰减过程复杂。待基岩水头降至强风化带底板时，第四系底部黏性土层与强风化带组合体顶底面水头差不再变化，黏性土压密释水趋于结束，矿坑水的主要来源为第四系水垂向越流。

总之，矿床开采初期，以黏性土压密释水为主，后期逐步转化为第四系水越流，二者间的转化关系是一个动态变化过程。不管是黏性土压密释水，还是第四系水垂向越流，矿坑涌水量的大小取决于第四系底部黏性土、强风化带的空间分布及其压密释水后的透水性能，此为影响矿床充水的另一重要因素。

4 典型案例分析

以河北省武安市北洺河铁矿为例，分析"厚大弱含水层型"地下水系统在矿山水文地质研究中的构建；以安徽省霍邱县李楼铁矿、河北省司家营铁矿为例，分析"蘑菇型"地下水系统在矿山水文地质研究中的构建。

4.1 北洺河铁矿

4.1.1 概况

北洺河铁矿位于河北省武安市上团城村北，距武安市 8km，东距邯郸市 45km。地理坐标为：东经 114°07′24″~114°08′24″，北纬 36°44′44~36°45′16″。矿区西部 8km 有太行山高速，北 1km 有旅游大道，南 1km 有邯长公路通过，东侧紧邻武邢公路，有铁路支线与京广线连接，交通十分便利。

4.1.1.1 地质概况

A 地层

北洺河铁矿地层由老至新有太古界赞皇岩群、中元古界长城系、下古生界寒武系和奥陶系、上古生界石炭系和二叠系、中生界三叠系、新生界第三系与第四系。太古界赞皇岩群、中元古界长城系出露于西北地区，寒武系、奥陶系出露于山麓及丘陵区，上古生界和中生界在该区内很少出露，多分布在丘陵区和倾斜平原区下部，而新生界则遍及平原区、丘陵区和山区沟系。现将该区地层简述如下。

a 中太古界赞皇群（Ar_2Zh）

中太古界分布于区域西北部，岩性主要为片麻岩、片岩等变质岩系，厚度大于 7400m。

b 中元古界长城系（Pt_2Ch）

中元古界分布于区域西部，岩性主要为石英砂岩、长石石英砂岩、石英岩，厚度为 60~797m。

c 古生界（Pz）

(1) 寒武系（$\in$）。分布于邢台黄寺、沙河渡口、武安西部一线，厚 283~627m。下统（$\in_1$）为紫色页岩夹砂岩，厚 50~114m；中统（$\in_2$）主要为鲕状灰岩，厚 192~314m；上统（$\in_3$）为竹叶状灰岩及泥质条带状灰岩，厚 41~199m。

（2）奥陶系（O）。广泛分布于武安、沙河西部山麓和丘陵地带等，厚513~917m。下统（O_1）主要为白云质灰岩和白云岩，厚65~268m，分为冶里组和亮甲山组；中统（O_2）主要为厚层状灰岩、花斑状灰岩、角砾状灰岩及白云质灰岩等，厚448~729m，分为下马家沟组、上马家沟组和峰峰组三组八段。

（3）石炭系（C）。广泛分布于丘陵区和倾斜平原区，总厚126~200m。缺失下统；中统本溪组（C_2）为铝土页岩、砂岩及泥岩，厚11~55m；上统太原组（C_3）为砂页岩，中夹数层薄层灰岩和可采煤层，厚115~145m。

（4）二叠系（P）。广泛分布于丘陵区和倾斜平原区，厚980~1036m。下统（P_1）为泥质灰岩、粉砂岩，中夹煤层；上统（P_2）为砂、页岩互层。

d 中生界（Mz）

中生界只有三叠系（T），主要为各种砂岩，厚816~935m。

e 新生界（Cz）

（1）第三系（R）。分布在武安盆地的东部边缘，多为半胶结的中粗砂岩及淡色砂岩，夹砾石及松散砂层，厚度为70~213m。

（2）第四系（Q）。分布于山间河谷、断陷盆地、低山垄岗及东部平原区。岩性主要为冰碛类型的黏土砾石，具有一定的胶结性，自西向东厚度增大、颗粒变细，最大厚度约为260m。

B 构造

北洺河铁矿位于太行山第一级隆起东南段与华北平原第一级沉降带的交接部位。区内地层总体走向北北东，倾向南东东，倾角一般为5°~10°。区内可分为以下几个构造带：

（1）北西向构造带。北西向构造带主要褶皱有北洺河背斜、高村及车往口隐伏背斜等；断裂主要有南盆水—北盆水、红土坡断层等；此外还有赵弧庄背斜、张尔庄背斜和西北岭背斜。

（2）南北向构造带。主要有活水—西达构造密集带和朱庄—彭城构造密集带。区内南北向褶皱不多，多为南北向断裂，其中有活水—峡沟压性断裂、贺进南站纵张断裂、朱庄压性断裂和鼓山张性断裂。

（3）北北东向构造带。该构造带分布于全区。特别是武安盆地石炭系、二叠系分布区极为发育，构造线方向为北东向15°~30°，构造形迹以断裂为主，另有规模较小的褶皱及派生的低序次的断裂和褶皱。

综上所述，该区主要构造轮廓为西部隆起、东部下降，断裂除一部分为冲断层外，绝大多数表现为阶梯状高角度正断层，并派生一系列扭动和旋扭构造体系，区内构造骨架的应力复杂。区内较大的断层有紫山断层、紫泉断层及郭二庄—玉泉岭断层等。在断层带附近的脆性岩层（如奥陶系灰岩）中，次一级断层和节理裂隙发育，往往形成地下水的强径流带。

C　岩浆岩

区内岩浆活动有元古代基性岩的侵入和喷发，中生代燕山期中性岩浆的侵入，新生代玄武岩浆的喷发。其中元古代基性岩分布于赞皇隆起带。新生代玄武岩于阳邑一带零星分布，而中生代燕山期中性岩浆岩在区内中部（沙河至南洺河）广泛出露。

燕山期火成岩主要为中浅—浅成相的闪长岩类侵入体，空间上呈复杂的似层状。侵入体多与南北向和北北东向断裂有关。岩体大部分侵入于奥陶系中统石灰岩中，且具有顺奥陶系中统各组底部的角砾状灰岩侵入的特征。主要岩体有綦村岩体、新城岩体、武安岩体、矿山岩体、固镇岩体、符山岩体、紫山岩体等。

4.1.1.2　水文地质概况

北洺河铁矿处于邢台百泉岩溶水系统南部补给区，矿区南部、西部有武安岩体，北部有矿山岩体，火成岩侵入穿插频繁，区域地下水径流受阻，岩溶作用减弱，裂隙被充填，灰岩含水层透水性弱，为一个统一的厚大的弱含水体，深部疏干排水使地下水压力释放并向上传导，形成了以疏干巷道为中心的从源到汇的三维空间流场，垂向上存在水头梯度，矿床充水水源主要为第四系垂向补给，泉域岩溶水侧向补给有限，矿床充水通道主要为厚大弱含水体中的局部强含水段，如灰岩与矿体、矽卡岩接触带附近。北洺河铁矿为水文地质条件复杂的岩溶裂隙直接充水矿床。

4.1.1.3　研究内容和研究方法

A　研究内容

研究内容包括：

（1）地下含水系统的研究。界定水文地质单元，将含水层、相对隔水层置于整个地下水系统中进行研究，研究单个含（隔）水层水文地质属性和各个含（隔）水层之间水力联系。矿区位于百泉岩溶水系统内，矿坑涌水量的大小与系统地下水的补给、径流和排泄息息相关，收集分析区域内近年来地下水排水情况，周边矿山区域动态及排水资料，从整体上把握区域水文地质条件现状。

（2）地下水流动系统的研究。建立完善的地下水观测系统，研究地下水流场的空间分布及其演变规律。

（3）充水水源及通道的研究。结合巷道调查、地表调查及分析前人资料对矿区构造进行系统分析，并结合群孔抽（放）水试验、地下水流场空间演变规律及其空间形态，确定矿床充水水源及通道。

（4）矿坑涌水量预测研究。通过大型群孔抽水试验，在查明矿区含水层及水文地质边界条件的基础上，对水文地质模型进行科学合理的概化，建立水文地质模型和数学模型，采用数值模拟，求取水文地质参数，预测和论证矿坑涌水量。

B 研究方法

研究方法有：

（1）通过水文地质调查与测绘，查明地下水天然露头和人工露头，通过水文地质钻探，补充揭露地下水人工露头，勾画地下水流场，研究矿区水文地质边界条件、地下水流场分布特征及演变规律。

（2）通过巷道水文地质工程地质调查、钻孔简易水文地质观测等方法，研究构造破碎带、裂隙发育带的空间分布、发育规律，查明矿床充水通道。

（3）通过地面物探、水文地质钻探、动态观测、示踪试验等方法，研究地下水动态变化规律、地表水与地下水水力联系为矿山防治水提供依据。

（4）通过水文地质钻探及钻孔抽水试验，初步获取水文地质参数，研究含水层在水平上、垂向上的变化规律，并为大型井下群孔抽（放）水试验建立观测系统。通过大型井下群孔抽（放）水试验给地下水以强烈震动，研究开采条件下地下水流场演变特征，揭示地下水运动规律。

（5）对地下含水系统、地下水流动系统及边界条件进行合理概化，建立三维渗流数学模型，采用三角网格进行剖分，利用 FEFLOW 软件对模型进行求解，结合矿山开采方案，预测不同开采水平的最大矿坑涌水量和正常。

4.1.2 水文系统分析

4.1.2.1 地形地貌

矿山所处的区域西邻太行山隆起，东接华北平原，境内地形起伏，西高东低。西部为山岳区，东部是山前倾斜平原，中部为丘陵区。寒武、奥陶系碳酸盐岩主要分布于低山丘陵区。

西部山区冲沟发育，相对切割深度为 300~500m，标高最高为 1898.7m，一般为 1300m，由于断层发育，水文网的强烈切割，往往形成悬崖陡壁；中部丘陵区呈北北东向的条带分布，地形起伏不大，海拔为 100~300m，由北洺河—綦村一线地形标高多在 200~280m 间，阶地和冲沟较发育，大片松散沉积物覆盖其上，基岩零星出露地表，局部形成孤山残丘；东部山前倾斜平原区，地形平缓，海拔为 55~100m，冲沟不多，为冲积、洪积物掩盖，地面坡度一般为 1‰。

4.1.2.2 气象水文

北洺河铁矿所在地区属大陆性季风气候，四季变化显著。春季干旱，夏季炎热，秋季凉爽，冬季寒冷。年平均气温为 12.4~13.8℃，1 月最低平均气温-3.3℃，7 月最高平均气温约为 27℃，历年最高气温 42.6℃（1963 年 6 月 26 日），最低气温-24.3℃（1958 年 1 月 10 日）。冻土深度为 0.32~0.42m，冻土期 105 天左右（11 月中旬至次年 4 月初）。历年平均风速为 2.4~3.1m/s，平原风速一般较大，山区较小。平原最大风速为 14m/s，多出现在春季，最小风速多出现在 8 月、9 月两个月份。风向特点是春季多东北风，夏季多东南风，秋季则风向不一。

区内年降水量为430~700mm，多年平均降水量为540mm。年最大降水量出现在1963年，为1355.3mm；日最大降水量出现在1963年8月4日，为286.3mm。年平均蒸发量为1808mm，最大蒸发量为2178.7mm（1962年），最小蒸发量为951.8mm（2003年）。历年降水量年际变化大，年内分配不均，降水多集中在7月、8月、9三个月份，这三个月的总降水量一般相当于年降水量的70%~80%。丰水年和枯水年呈周期性变化，一般7~11年出现一次。自1972年以来，年平均温度、蒸发量有逐年增高的趋势，而降水和相对湿度有逐年减少的趋势，如图4-1所示。

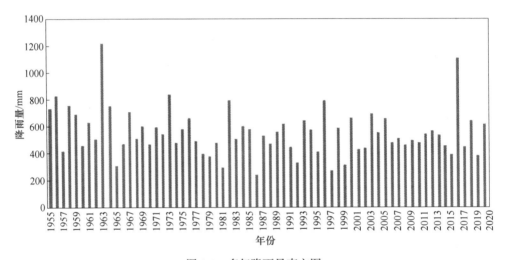

图 4-1　多年降雨量直方图

区域内地表水系有南洺河、北洺河、马会河、沙河、七里河、白马河等，这些河流属子牙河系，均为间歇性河流。雨季诸河在流经石灰岩裸露区时，地表水严重漏失灌入地下，干旱季节表流因漏失而出现断流。

矿区内的主要河流为北洺河，发源于武安市北合子附近，在永合村附近汇入洺河，全长约65km。北洺河改道之前自西向东纵贯矿区中部，通过北洺河矿床上方，现已改道于矿床地带南侧通过，并对河床进行了防渗处理，河道两侧修筑防洪墙。由于区内近十几年降雨量减少，加之上游水库拦蓄及周边矿山、工农业采排地下水，地下水位急剧下降，北洺河河床矿区地段除2000年洪水期出现有表流外，其他年份均无表流。

4.1.3　地下水系统特征

北洺河矿区处于百泉泉域岩溶水系统南部边界地下水分水岭一带。百泉泉域岩溶水系统为一基本独立、封闭的水文地质单元，北部边界为内丘—西北岭地下水分水岭，与临城石鼓泉泉域搭界；南部以北洺河地下分水岭为界；西部边界为河北与山西省间的地表分水岭；东部边界为内丘—邢台深大阻水断裂。

4.1.3.1 地下水含水系统

区域范围内，发育有由太古界到新生界所形成的沉积岩、岩浆岩、变质岩和松散堆积物。根据含水层性质的不同可以划分为第四系松散岩类孔隙含水层组、石炭二叠系薄层灰岩和砂岩裂隙含水层组、寒武奥陶系碳酸盐岩岩溶裂隙含水层组和燕山期岩浆岩风化裂隙弱含水层组，其中，碳酸盐岩岩溶裂隙含水层组为区内主要含水层组，现分别简述于下：

（1）第四系松散岩类孔隙含水层组。主要含水层岩性为砂砾卵石，分布在现代河床及其冲洪积扇中，该层厚度一般为20m左右，最大可达40~50m，透水性及富水性强，单井出水量大于1000m³/d。在区内分布面积较广的黏土砾石层，从总体上看，其透水性及富水性均较差，其间所夹的砂层透镜体和1~2层砂砾石，单层厚度2~3m，其透水性及富水性较好。

（2）石炭、二叠系薄层灰岩和砂岩裂隙含水层组。主要含水层位于上石炭系和二叠系中。石炭系夹薄层灰岩6~8层，其意义较大的有三层：野青灰岩，厚1.8~2.5m；伏青灰岩，厚3~6m；大青灰岩，厚5~7m。这些薄层灰岩之间有厚层泥岩阻隔，各层之间一般水力联系较弱，由于区内构造较发育，遇有导水断层，上下层间则有一定的水力联系，成为一个统一的含水体，具有一定的富水性，钻孔单位涌水量为$0.001 \sim 1.44 m^3/(h \cdot m)$。石炭二叠系薄层灰岩和砂岩裂隙含水层地下水位高于奥陶系中统灰岩水位20~30m，一般情况下，它们之间水力联系比较弱，在构造发育段联系比较密切。二叠系中的砂岩与含砂砾岩含水较弱，但在构造有利部位也具有一定富水性。

（3）寒武、奥陶系碳酸盐岩岩溶裂隙含水层组。寒武、奥陶系碳酸盐岩是一套复杂的岩溶裂隙含水岩系，它既是一个统一的岩溶含水体，又是一个可分的多层含水层。区域上通常把寒武、奥陶系碳酸盐岩划为统一的岩溶裂隙含水层组，同时又根据岩溶裂隙发育程度和地下水的赋存运动条件，将其进一步划分为：中奥陶统厚层灰岩强含水层组、下奥陶统白云岩弱含水层组、中上寒武统石灰岩弱含水层组和下寒武统碎屑岩夹薄层灰岩相对隔水层组。中奥陶统厚层灰岩强含水层组包含有3个强含水段（O_2^{1-2}、O_2^{2-2}、O_2^{3-2}）、2个较强含水段（O_2^{2-3}、O_2^{3-3}）、3个弱含水段（O_2^{1-1}、O_2^{2-1}、O_2^{3-1}）和1个相对隔水层（贾旺页岩）。

（4）燕山期岩浆岩风化裂隙弱含水层组。岩性以闪长岩为主，浅部节理裂隙发育，强风化带厚度一般为15~20m，赋存有风化裂隙潜水。钻孔单位涌水量一般为$0.056 \sim 5.56 L/(s \cdot m)$，最大值为11.56$L/(s \cdot m)$，该含水层组雨季接受大气降雨补给，有一定的水量。

区域内还有中上元古界石英砂岩构造裂隙含水层组和太古界变质岩风化裂隙含水层组，其水量有限，且与铁矿田关系不大。

4.1.3.2 地下水流动系统特征

A 补给条件

岩溶地下水的补给方式有以下四种：石灰岩裸露区直接接受大气降水渗漏补给、河流地表水的渗漏和灌入、西北部老地层的风化裂隙水的侧向补给、第四系孔隙水的渗漏。其中，裸露灰岩降水入渗补给和河流渗漏补给为岩溶水系统的主要补给方式，具体详述如下：

（1）西部灰岩裸露区的面状补给。补给区分布于高村—王窑—皇台底—西丘一线以西地区和紫山基岩裸露区，雨季基本不产生地表径流，直接垂向入渗补给岩溶水。渗漏条件主要受区域节理裂隙和岩溶发育程度的控制。据统计，面裂隙率一般为 7%~20%，以北北东向裂隙为主，北西向裂隙也有相当的水文地质意义，且少有植被覆盖，形成良好的入渗条件。

（2）河谷渗漏段的集中补给。据以往实测资料，区内河谷渗漏段的集中补给量极为可观。该区河流有两个显著特点：一是各河流进入碳酸盐岩分布区之后，因大量漏失而断流；二是河流的展布与区域横向构造有一定的生成联系，因此与纵向构造相连接的复合部位，出现强烈的渗漏现象。河谷渗漏受区域节理裂隙和岩溶的发育方向以及河床地质结构的控制。由于降水和河水年度、季节变化大，因此补给量也随之变化。

B 径流条件

泉域地下水的径流条件具有明显的岩性和构造控水规律性，地下水运动在宏观上受太行山东麓单斜构造、地形和含水体岩性的控制，总趋势呈自西向东、自南向北径流。其径流过程比较复杂，在地形、水文网、褶皱、断裂构造和岩体诸因素制约下，从几个方向汇集于百泉一带的排泄区。

该区岩溶地下水，在以溶蚀裂隙为主的溶隙网络型通道和含水单元中，呈面上分散的水流，在运移过程中不断地汇流、集中，在构造、水流运动的有利地段，形成岩溶水强径流带，即一个由密集溶隙和少量洞穴管道所组成的溶隙网络型层状富水带。与两侧弱径流区之间是逐渐过渡的，无明显的界线。

弱径流区含水层接受补给后，岩溶地下水首先是就近流向强富水区，再沿强富水区向百泉泉口流泄。整个百泉的地下水都沿着这几条强径流带系统从北、西、南三个方向成扇形向百泉汇集，由于受构造所阻而溢出成泉，因此径流带系统既是岩溶含水系统，又是地下水流系统。大面积的岩溶区，巨厚的岩溶包气带及厚大的第四系含水层对泉域的地下水主要起着涵养和调蓄的功能；宽广的中部岩溶强富水区主要对地下水起着汇集和输导的作用。

20 世纪 70 年代以来，随着工农业发展及矿山开采排水，百泉泉域地下水开采量大幅增加，开采量大于区域地下水多年补给量，地下水位大幅度下降，泉水减少直至断流，地下水流场逐渐发生了变化。到2014年，由于矿山的疏干排水，在集中排泄区形成大小不等的降落漏斗，在泉域内由南至北已形成北洺河铁矿、云驾岭铁矿、王窑铁矿、东郝庄一带及邢台市区等数个大小不一的地下水降落漏斗。

C 排泄条件

天然条件下，该区岩溶地下水主要排泄集中于邢台泉群（百泉、达活泉），泉口标高为60~71.5m。1958~1981年，泉群平均流量为6.309m³/s。20世纪70年代以后，随着工农业发展和矿山开采排水量的增加，泉水逐渐减少直至断流，1981年达活泉断流，1987年百泉断流，地下水排泄形式逐渐转为以人工开采为主。

4.1.3.3 地下水动态变化特征

区内岩溶地下水动态受降水量及人为开采量所控制，地下水动态特征为降水-开采型，表现为"集中补给、常年消耗"，地下水位呈阶梯状逐年下降的总特征。

A 大气降水周期性变化对岩溶地下水动态特征的影响

天然条件下，岩溶地下水动态变化主要受大气降水补给的控制，在时间和空间上有很大变化。从时间上看，系统地下水位动态随降水补给的周期性变化而变化，每年为一个小周期，雨季上升，枯水期下降。每7~11年为一大周期，大洪水年上升，连续枯水年持续下降，丰水年的集中补给对地下水位恢复起着控制作用；空间上，系统内不同地段地下水动态变化在幅度上差别很大，排泄区和径流区水位变化相对稳定，补给区变化较大。年周期水位动态变化可分为三个阶段。

第一阶段为回升期，岩溶水位于每年7~11月，在补给区为短时、快速、直线式回升；在径流区、排泄区逐渐过渡为缓慢曲线式回升。回升速度补给区为7~50cm/d，径流区为2~7cm/d，排泄区为2~2.5cm/d。

第二阶段为相对稳定期，在丰水年份，径流区与排泄区于11月中旬以后，有1~3个月的水位稳定期，补给区一般无稳定期；在枯水年份，各区不具有水位稳定期。

第三阶段为下降期，补给区一般在每年的10月至次年6月，径流区于11月至次年6月，排泄区于1月至6月，水位呈直线式下降，下降速度如下：补给区为3~15cm/d，径流区为2~3cm/d，排泄区为0.5~2.0cm/d。

在持续3年以上干旱年份的情况下，岩溶地下水的水位呈连续下降状态，无明显的升降期之分。

除了上述水文年周期变化规律外，该区岩溶地下水还存在着7~11年的多年周期变化规律。20世纪60~70年代为11年左右周期，20世纪80年代以来为7年左右周期。多年周期的水位变化与大气降水周期相吻合。周期开始时，地下水位上升至最高峰，经过4年左右的相对稳定期，然后逐年下降，到本周期结束时达到最低水位。

B　地下水开采对岩溶地下水动态特征的影响

开采条件下，该区岩溶地下水的水位动态与天然状态下类似，于一个水文年内具有回升期、相对稳定期及下降期。但是地下水动态曲线在天然状态下为单峰单谷型，而开采条件下受人为因素影响比较复杂，呈波状起伏变化。

在丰水年岩溶地下水获得大量的补给，水位大幅度回升，以后各年补给量相对减少，虽然地下水动态表现为有升有降，但总的趋势呈阶梯状下降，直到下一个多年周期的丰水期。

4.1.4　矿床充水特征分析

4.1.4.1　矿区地质概况

北洺河矿区主要地层有古生界奥陶系、石炭系和二叠系及新生界第四系，燕山期闪长岩呈复杂的似层状侵入奥陶系中统及其他地层中。水平上，北洺河矿区南临武安岩体中团城—崇义—上泉一线岩体，北接矿山岩体南端的焦寺岩体，东部边缘为玉泉岭—郭二庄断裂带之东的石炭系、二叠系，矿区内为顺北洺河河床呈北西-南东展布的北洺河岩体。垂向上，矿区灰岩上覆有第四系砂砾卵石层、砂质黏土砾石层和底部黏土层，下为燕山期火成岩托底。

受北洺河岩体、焦寺向斜、营井背斜及北庄向斜等控制，矿区内奥陶系灰岩总体形态呈两东西向"沟槽"状。两石灰岩沟槽在西部基底翘起，在东部连在一起。总趋势是西薄东厚，除矿床东部因阶梯断裂作用，灰岩顶板埋深逐渐加大之外，其余地段多不超过150m，一般为几十至百余米；底板最大埋深为250~-300m。

4.1.4.2　矿床充水因素分析

A　地下水含水系统

矿区含水层主要有奥陶系中统石灰岩含水层、石炭二叠系砂岩薄层灰岩含水层、第四系砂砾石含水层及闪长岩裂隙含水层。第四系底部黏土层，煤系地层泥页岩和未经风化、构造破坏的完整闪长岩侵入体为矿区主要隔水层。

a　奥陶系中统石灰岩含水层

矿区奥陶系中统石灰岩含水层分布广泛，其南部、西部有武安岩体，北有矿山岩体，阻碍或隔断与区域石灰岩含水层的联系，东部与区域含水层相连，上部有第四系地层覆盖，下部为火成岩托底，中间还有侵入岩穿插。矿床地段，火成岩岩体呈复杂的层状、似层状侵入奥陶系中统石灰岩地层，在垂向上侵入体将石灰岩分为多层。矿床背斜轴部石灰岩含水层较薄；南北两翼较厚，且越往外越厚。石灰岩最大厚度为505.52m，最小厚度为44.01m，平均厚度为278.26m，如图4-2所示。

矿区位于百泉岩溶水系统南部边界一带，地下水补给区透水性较弱，矿床处在矿山岩体与武安岩体之间，火成岩侵入穿插频繁，使区域地下水径流受阻，运

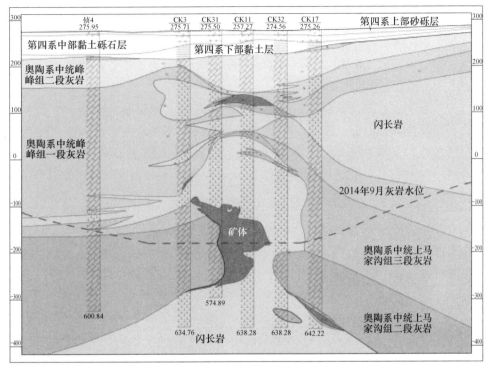

图 4-2 北洺河铁矿 3 号勘探线水文地质剖面略图

动缓慢，地下水对灰岩裂隙的溶蚀和开拓作用减弱，同时，矿床地段相当范围内的第四纪松散堆积物直接覆盖于奥陶系中统灰岩之上，第四系含水层为季节性含水层，地下水断续地垂向渗漏淋滤携带大量泥砂，使下伏灰岩裂隙溶洞多被其全充填或半充填，导致灰岩透水性较弱。总之，地下水径流不畅，灰岩裂隙的溶蚀和开拓作用减弱，裂隙易被充填，含水层透水性减弱，同时，含水层透水性减弱使地下水运动缓慢，长期相互作用、相互制约，导致灰岩含水层总体透水性弱。矿区先后进行了三次水文地质勘探，其中 35 个钻孔做了 71 次注水试验，24 个钻孔做了 41 次抽水试验，钻孔单位涌（耗）水量多小于 0.1L/（s·m），其中有相当部分小于 0.05L/（s·m），最大为 0.67L/（s·m）；渗透系数多小于 0.05m/d，最大为 0.146m/d。

北洺河铁矿奥陶系中统石灰岩含水层垂直分带总体上不明显。2 号线以西岩层透水性主要受构造控制，不仅上部因溶隙多被黏性土充填导致充填带透水性弱，其深部 -230m、-245m 水平仍见有大量黏土充填灰岩岩溶裂隙现象，富水性垂向上差异并不大；2 号线以东奥陶系中统石灰岩上覆煤系地层，灰岩的裂隙岩溶充填较少，岩溶发育程度在垂向上有随深度增加而减弱的趋势，富水性、透水性随深度增加而减小。

　　b　第四系松散岩类孔隙水含水层

　　（1）砂砾石含水层。砂砾卵石层主要分布于北洺河河床地段，一般厚度为7~20m，由各类砂和砾卵石组成。该层是第四系主要含水层，透水性富水性强，渗透系数为10.16m/d。由于近年来区域降水减少，地下水位大幅度下降，该层已成为季节性含水层。

　　（2）黏土砾石弱含水层。该层由黏土、砂质黏土和砾卵石组成，厚度变化较大，一般为40~100m，最厚超过150m。层间夹有不稳定的砂透镜体和砂砾石层，透水性、富水性不均一。矿床地段，该层渗透系数为0.0038~0.01m/d，CKA31~CK50钻孔一带，该层为砂质黏土或砂夹砾石，无胶结，透水性较强，渗透系数为0.77m/d。

　　c　矿区隔水层

　　第四系底部黏土层，煤系地层泥页岩和未经风化、构造破坏的完整闪长岩侵入体为矿区主要隔水层。矿区第四系黏土砾石层弱透水层下部基岩表面普遍发育一层黏土层，矿床地段一般厚2~10m，最大为31m，分布不稳定，在矿床西部和西南河床约1km^{2}范围内，黏土层缺失，其上部黏土砾石层与石灰岩直接接触，成为第四系孔隙水渗漏补给灰岩含水层地下水的"天窗"。东部煤系地层中泥页岩发育，垂向上连通性很差，也是相对隔水层。闪长岩侵入体，除表部风化裂隙带和接触带外，一般比较致密，是很好的隔水体。

　　B　矿区地下水运动规律

　　天然条件下，矿区灰岩地下水接受区域石灰岩含水层的侧向补给、河流渗漏补给及第四系孔隙水入渗补给，自西向东、自南向北运动，经郭二庄、王窑流向邢台百泉和达活泉泉群。

　　开采条件下，矿区地下水运动发生变化。由于北洺河铁矿井下疏干排水，矿区及其周边地下水位大幅度降低。矿床地段地下水位下降近300m，地下水位已降至主要含水层O_2^2底板附近或底板以下。矿床地段O_2^2主要含水层透水性弱，矿床地段地下水位分布受矿山疏干排水的影响形成了较深的地下水降落漏斗。

　　2000年排水系统设置于-122m水平，其上方自由水面（潜水面）在70~80m，-50m水平放水孔口水头压力为0.23~0.28MPa（2000年6月观测），即该处水柱高度为23~28m，其水位标高为-22~-27m，垂向水头差为103~107m；-122m水平疏干巷放水孔孔口水头压力为0.15~0.39MPa（2000年6月观测），即该处水柱高度为15~37m，其相应水位标高为-107~-85m，垂向水头差为165~187m。排水疏干条件下，垂向空间流场分布，有很大的垂向水头压力差，一般为100多米。放水后一段时间，涌水点（放水孔）附近的水头压力降低，涌水点（放水孔）涌水量大幅减少，反映了灰岩含水层透水性弱的特性。

　　北洺河改道前后汛期矿坑涌水量的变化反映了矿区疏干排水三维空间流场的

特征：北洺河改道前，正常矿坑排水量为 $2.0×10^4 m^3/d$ 左右，汛期矿坑水量增到到 $4.5×10^4 m^3/d$，其中，–50m 水平水量增大了 2 倍，–110m 水平水量增大了 50% 左右，河流改道后，汛期水量为正常水量的 1.2 倍左右，约 $2.4×10^4 m^3/d$。因此，矿坑水主要补给来源为第四系黏土砾石层和石炭二叠系砂页岩的垂向补给，垂向补给来源充沛与否是影响矿坑涌水量大小的主要因素。

由于矿坑水主要补给来源为第四系黏土砾石层和石炭二叠系砂页岩的垂向补给，北洺河矿坑涌水量随开采深度的增大变化不明显，矿山深部开拓（–245m 水平）时矿坑总排水量与上部（–110m 及以上）开采时水量相近，一直保持在 $20000～22000m^3/d$。

C 矿区地下水动态特征

北洺河铁矿已生产基建多年，随着矿山排水量的增加，开采已成为影响地下水动态的主导因素。地下水动态变化主要受矿山排水和降水周期性变化影响，地下水动态特征为降水-开采型。

a 年内动态特征

区内年降水量为 430～700mm，多年平均降水量为 540mm，年最小降水量在 300mm 以下。降雨集中于每年的 7～9 月，该期间地下水接受大气降水补给开始回升，一般降雨过后 1～2 月地下水位开始回升，地下水位回升存在滞后性。每年的 11 月至次年 5 月，降雨量小，地下水位下降较快。

b 多年动态特征

矿坑排水前（1999 年 6 月）地下水位标高为 120～130m，2010 年地下水位降至–80～–45m，2014 年地下水位降至–180～–110m。自排水前至 2014 年，矿床地段地下水位下降近 300m。虽然近几年降雨量偏多，大气降水补给较充足，但受矿山长期疏干排水的影响，地下水位仍在震荡下降，至 2021 年，水位已降至–171.13～118.21m，与 2014 年相比，水位下降 3.13～39.58m，如图 4-3 所示。

4.1.5 矿坑涌水量预测

4.1.5.1 概述

北洺河矿区处于百泉泉域岩溶水系统南部边界地下水分水岭一带，天然条件下，区域岩溶裂隙水接受大气降水入渗补给、西部山区基岩裂隙水侧向补给及河流渗漏补给后，自西向东运动，然后自南向北，向邢台百泉和达活泉泉群径流[17]。

北洺河矿区南部、西部有武安岩体，北有矿山岩体，火成岩侵入穿插频繁，使区域地下水径流受阻，岩溶作用减弱，裂隙被充填，2 号线以西灰岩含水层透水性弱，2 号线以东上部灰岩强含水层已被疏干，深部含水层透水性弱，整个北洺河矿区灰岩含水层为一个统一的、厚大的弱含水体[18-19]。

北洺河矿体赋存于奥陶系中统石灰岩与燕山期闪长岩接触带，矿体顶面赋存

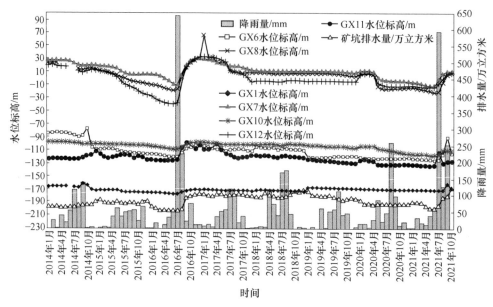

图 4-3 矿区观测孔地下水位动态与降雨量、矿坑排水量关系曲线

标高为 142~-403m，上覆厚大弱含水体，深部排水，深部地下水压力释放并向上传导，形成了以疏干巷道为中心的从源到汇的三维空间流场分布特征，垂向上存在水头梯度，地下水以垂向运动为主，侧向运动为辅，矿床充水水源主要为第四系水垂向补给，其次为泉域岩溶水侧向补给。矿床充水通道主要为厚大弱含水体中的局部强含水段，如灰岩与矿体、矽卡岩接触带附近。

根据北洺河矿区水文地质条件，一般解析法很难正确刻画该矿区的水文地质模型，只能采取数值模拟法预测矿坑涌水量。因此，本书中矿坑涌水量预测采用数值法。

4.1.5.2 数值法预测矿坑涌水量

A 水文地质概念模型

a 模拟范围

为避免数值模型过小造成的误差，数值模拟范围不局限于北洺河矿区，而是将区域内各个矿山置于统一地下水系统中进行研究，将模拟范围扩展至整个百泉泉域，南起南洺河断层，北至内丘西北岭，西起灰岩裸露区的边界，东至团城—郭二庄—冯村—沙河市—邢台—内丘一线的隐覆阻水断裂，总面积为 1603km^2。

b 边界条件的概化

东部边界为团城—郭二庄—冯村—沙河市—邢台—内丘一线的隐覆阻水断裂，该断裂以东奥陶系埋藏很深，与石炭二叠系直接接触，岩溶不发育，为隔水边界；南部边界为南洺河断层，该断层南北水位差110多米，断层具有隔水性，处理为隔水边界；西南部边界为南丛井龙雾-活水断层，该断层断距大，东盘寒武系页岩、泥岩抬升，处理为隔水边界；西部灰岩与中上元古界地层直接接触，处理为流量边界，如图4-4所示。

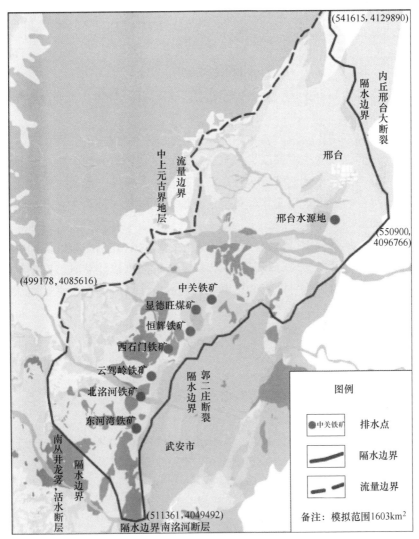

图4-4 模拟范围及边界条件概化图

c 地下含水系统的概化

研究区的主要含水层为奥陶系灰岩含水层，它分布在火成岩体与武安盆地相对隔水体之间，下有燕山期闪长岩托底，上多为石炭二叠系及第四系地层覆盖，区内含水层顶底板起伏不平，含水层厚度较大，渗透性和贮水性不均一，具有强烈的非均质性及明显的各向异性特征。

在考虑资料占有程度的基础上，根据矿区的空间介质结构、含水层的形成时代、埋藏深度、水力联系等，将该区在垂向上自上而下划分为：第四系上部砂砾石强含水层，第四系中部黏土砾石弱含水层，第四系底部黏土相对隔水层，石炭、二叠系薄层裂隙含水层，奥陶系灰岩含水层，闪长岩相对隔水层。其中奥陶系灰岩含水层再细分为四层（模型第五至八层），整个模型在空间共划分为九层。

d　地下流动系统的概化

天然条件下，区域岩溶裂隙水接受大气降水入渗补给、西部山区基岩裂隙水侧向补给及河流渗漏补给后，自西向东运动，然后自南向北，向邢台百泉和达活泉泉群径流。

北洺河矿区范围内，灰岩含水层透水性弱，为一个统一的厚大弱含水体。开采条件下，深部排水使中下部灰岩含水层地下水压力释放并向上传导，控制着中上部灰岩和第四系地下水流场分布，垂向上存在水头梯度，形成了以疏干巷道为中心的从源到汇的三维空间流场分布特征，地下水以垂向补给为主，区域地下水侧向补给为辅。

矿区以外，灰岩含水层透水性较强，区域地下水对北洺河矿区侧向补给量有限，地下水运动的垂向速度分量较小，传统的矿坑涌水量计算时，在不影响预测精度前提下，简化为二维平面流，本节计算矿区内外均概化为三维空间流场，提高预测精度。

综上所述，将含水系统概化为非均质、各向异性含水系统，地下水流系统概化为三维非稳定流。

B　数学模型

根据前述的水文地质条件，可写出相应的数学模型：

$$
\begin{cases}
\dfrac{\partial}{\partial x}\left(K_x\dfrac{\partial H}{\partial x}\right) + \dfrac{\partial}{\partial y}\left(K_y\dfrac{\partial H}{\partial y}\right) + \dfrac{\partial}{\partial z}\left(K_z\dfrac{\partial H}{\partial z}\right) - \sum_{i=1}^{m} Q_i\delta(x - x_i,\ y - y_i,\ z - z_i) = \mu_s\dfrac{\partial H}{\partial t} \\
\qquad (x,\ y,\ z) \in \Omega,\ t \geqslant 0 \\
H(x,\ y,\ z,\ t) = H_0(x,\ y,\ z) \qquad (x,\ y,\ z) \in \Omega,\ t = 0 \\
K\dfrac{\partial}{\partial n}H(x,\ y,\ z,\ t) = q_e(x,\ y,\ z,\ t) \qquad (x,\ y,\ z) \in \Gamma_1,\ t > 0 \\
K_z\dfrac{\partial}{\partial z}H(x,\ y,\ z,\ t) - \varepsilon = -\mu\dfrac{\partial}{\partial t}H(x,\ y,\ z,\ t) \qquad (x,\ y,\ z) \in S,\ t > 0
\end{cases}
$$

式中　　　　　H——地下水位，m；

K_x，K_y，K_z——x、y、z方向的渗透系数，m/d；

μ_s，μ——贮水率和给水度；

Q_i——地下水开采量或排水量，m^3/d；

$H_0(x, y, z)$——初始水位，m；

$q_e(x, y, z, t)$——流量边界的单位面积流量，m/d；

Ω，S，Γ_1——渗流区域，地下水自由面，流量边界；

ε——降水入渗强度，m/d。

C　求解方法的选择

上述数学控制方程的求解采用 DHI-WASY 公司开发的基于有限单元法的 FEFLOW（Finite element subsurface FLOW system）软件。在众多模拟软件中，由德国水资源规划与系统研究所（WASY）开发出来的地下水流动及物质迁移模拟软件系统 FEFLOW 具有独到的特点，它是迄今为止功能最为齐全的地下水模拟软件包之一，可用于复杂三维非稳定水流和污染物运移的模拟。

FEFLOW 软件基于有限单元方法，携带了模拟地下水流每一个阶段所需的工具，如边界概化、建模、后处理、调参、可视化等。该软件具有基于交互式图形输入、输出和地理信息系统（ARCGIS）数据接口，能自动产生空间多种有限单元网格，可以进行空间参数区域化，内部采用了多种快速、精确的数值计算法，如时间步长的自动优选法。对于非承压含水层采用了变动上边界的办法（BASD）以适应变化的潜水水位。更重要的是，FEFLOW 提供了一个"Discrete Feature Element"操作模块，可以刻画透镜体、水平井等特殊水文地质体，甚至来刻画局部区域的裂隙流、管道流，从而可以综合考虑到各种复杂水文地质条件，给模拟者带来极大的方便，同时也有效地提高了模拟的仿真度。这些特点都是其他模拟软件所不能完全具备的。

D　数值模型

a　模型的空间离散

将数值模拟区离散为不规则三角剖分网格。三角剖分法则采用 TMesh 剖分方法，剖分过程严格遵循 Delaunay 法则，使三角网格内的三角形内角为锐角，三边长度尽量相等，三角形网中任一三角形的外接圆范围内不会有其他点存在，在散点集可能形成的三角剖分中，Delaunay 三角剖分所形成的三角形的最小角最大。同时，在网格剖分时水文地质条件复杂的区域剖分时要细化；观测孔尽量位于剖分单元的中心节点；矿坑排水和集中出水的地方，由于水力坡度及流场变化趋势较大，剖分时要适当加密。

据此，对研究区进行网格剖分，如图 4-5 所示，平面共剖分单元 20815 个，节点 10562 个，空间共剖分 187335 个单元格，节点 105620 个。在收集矿区原有钻孔数据的基础上，并结合本次勘探成果，在 ARCGIS 软件中利用克里金插值法插值出矿区各个含水层的顶底板标高，将数据导入软件后，就生成了矿区含水层的三维结构模型，如图 4-6 所示。

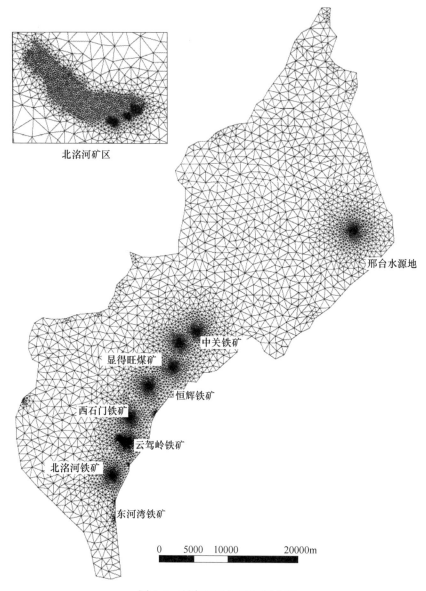

图 4-5　研究区网格平面剖分图

b　源汇项的处理及初值的选取

根据 FEFLOW 软件的要求，需要对地下水系统的补给和排泄条件进行相应的处理，然后才能代入模型中应用。矿区内地下水补给项主要为降雨入渗补给、侧向补给及河渠等地表水的渗漏补给，排泄项为生活生产用水、矿坑排水等。

（1）降雨入渗补给。降雨入渗补给是研究区的重要补给水源，部分灰岩裸

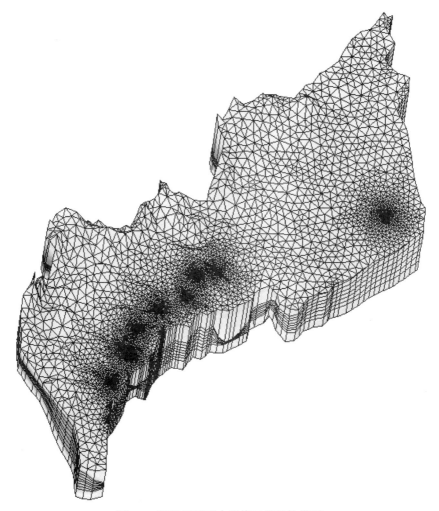

图 4-6 研究区地下水系统三维结构模型

露地区由于裂隙岩溶发育，直接吸收降水入渗。根据石灰岩裸露区、第四系薄层覆盖区情况的地表岩性、地貌及地表塌陷区等因素，结合已有资料对研究区概化为几个降水入渗系数不同的小区，并根据降水入渗系数经验值给出初值，待模型识别后确定。

（2）河流入渗补给。区内河流基本为季节性河流，雨季诸河在流经石灰岩裸露区时，地表水严重漏失灌入地下，干旱季节表流因漏失而出现断流。参照前人研究成果、降水量和上游水库的放水情况给出入渗强度的初值，待模型识别时最终确定。

（3）矿坑排水。模拟期内，井巷内的放水孔及巷道施工所揭露的出水点是各矿区放水的主要依靠，地下水主要通过巷道出水孔进行排泄。将北洺河矿区各放水孔的位置转化为开采井的形式代入模型，并根据实际调查资料，将出水量按不同时段利用 well 程序包分别加在开采结点上，其他矿区矿坑排水则根据调查所得排水资料以抽水井的形式进行处理。

（4）生活生产用水。主要是研究区内各工业厂区生产用水及居民区水源地生活用水，水量依据各县市水务局提供的岩溶水开采量统计表对周边工厂、水源地水井调查所得的抽水量资料以开采井的形式代入模型。

（5）侧向补给。采用断面法计算地下水侧向补给量，将断面进行分段，并分别计算各段补给量，根据 Darcy 公式：

$$Q_{侧补} = \sum_{i=1}^{n} K_i M_i B_i I_i \cos\alpha \qquad (4-1)$$

式中　$Q_{侧补}$——地下水侧向径流量，m^3/d；

　　　　i——分段编号；

　　　　K_i——断面含水层渗透系数，m/d；

　　　　M_i——断面含水层厚度，m；

　　　　B_i——计算断面的宽度，m；

　　　　I_i——垂直断面方向的水力坡度；

　　　　α——断面与地下水等水位线夹角；

　　　　n——分段数。

c　水文地质参数的选取

在收集整理前人关于研究区渗透系数及给水度等方面研究成果的基础上，根据研究区含水层埋藏和补给条件的差异、岩溶发育情况、地下水位动态、区域地下水流场特征等水文地质条件，对含水层做了分区，并给每个参数分区赋予相应的初值。待模型识别时最终确定。

d　初始流场

根据矿区各地下水位观测孔的观测资料，在 ARCGIS 软件中利用 IDW 进行插值，得到研究区的初始等水位线，并将其属性值提取出来后作为初始水头赋给计算模型的各个单元作为非稳定流模拟的初始值，如图 4-7 所示。

e　模型识别

模型识别主要包括对数学模型、边界条件、垂向补排强度的分配、水文地质参数的设定等内容的识别。本节模拟选择了矿区 8 个地下水位观测孔的实测水位动态曲线进行拟合，共分两个阶段，第一阶段为放水试验前一个完整的水文年，第二阶段利用放水试验所获取的资料对模型进行进一步识别。

1. 利用长期地下水动态资料进行模型识别

本阶段拟合期共 365 天，将模拟时间进行离散，时间步长设为 1 天，共 365 个时段。以前面给出的各种水文地质参数及源汇项初值为基础，对模型进行反演

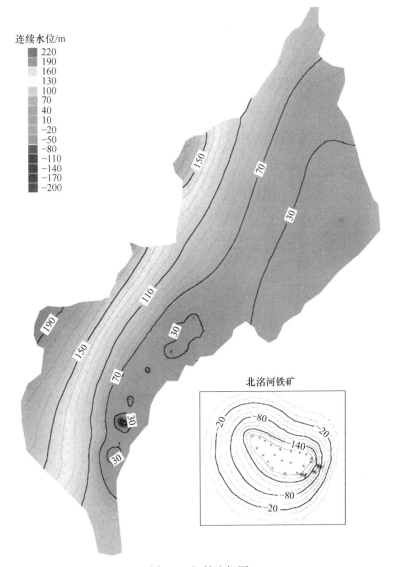

连续水位/m
220
190
160
130
100
70
40
10
−20
−50
−80
−110
−140
−170
−200

北洺河铁矿

图 4-7　初始流场图

计算，让模型运行 365 个时段，记录下每个时段各观测孔所在结点的水位，以及最后时段地下水流场。若各种初值给得合理，计算的 (H-t) 曲线应与实测的 (H-t) 曲线基本吻合。否则要反复调整水文地质参数、垂向补排强度、侧向补给量等不确定因素进行试算，直到动态曲线、地下水流场拟合程度满意为止。经过反复调试，上述参数均有不同程度的调整，这些参数均作为放水试验模拟的基础。该阶段模型拟合曲线如图 4-8~图 4-13 所示，结束时刻流场如图 4-14 所示。

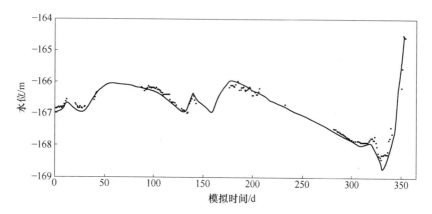

图 4-8 第一阶段 GX01 观测孔水位拟合曲线

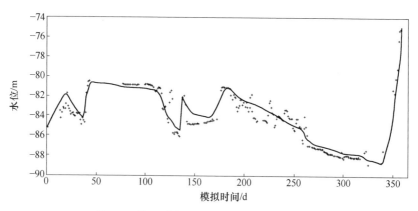

图 4-9 第一阶段 GX06 观测孔水位拟合曲线

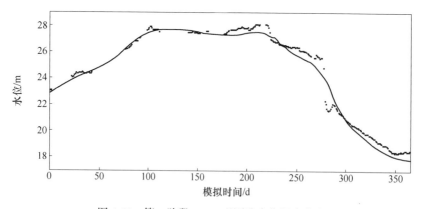

图 4-10 第一阶段 GX07 观测孔水位拟合曲线

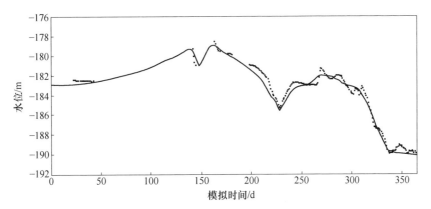

图 4-11 第一阶段 GX09 观测孔水位拟合曲线

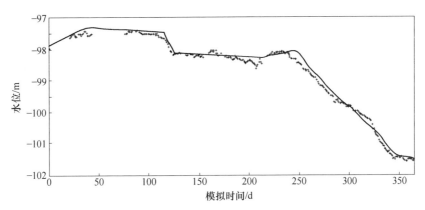

图 4-12 第一阶段 GX10 观测孔水位拟合曲线

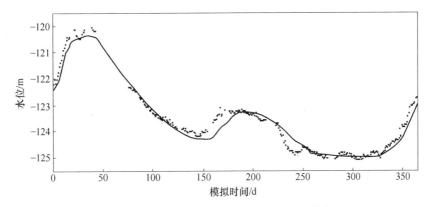

图 4-13 第一阶段 GX11 观测孔水位拟合曲线

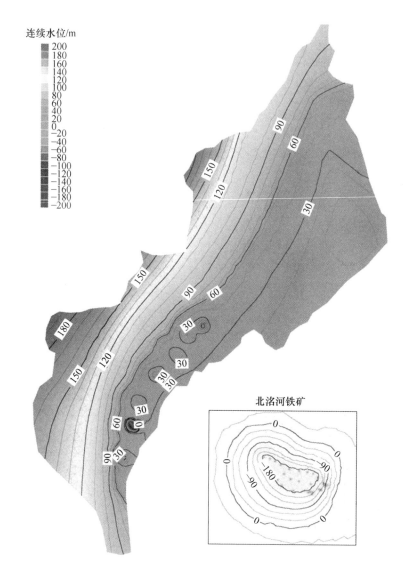

连续水位/m

北洺河铁矿

图 4-14 第一阶段模型运行结束时刻流场图

2. 利用放水试验动态资料进行模型识别

放水试验历时 14 天，在第一阶段模型识别的基础上，加上 -230m 水平、-245m 水平放水孔的排水量，时间步长取 0.5 天，让模型运行 28 个时段来拟合各观测孔的水位动态，通过相应的参数调整，使观测孔的动态曲线拟合到比较满意的程度，来确定数值模型的水文地质参数序列。拟合曲线如图 4-15～图 4-22 所示，结束时刻流场如图 4-23 所示。

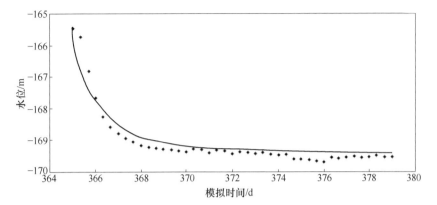

图 4-15　第二阶段 GX01 观测孔水位拟合曲线

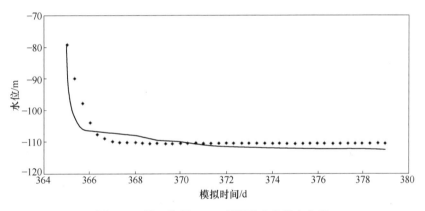

图 4-16　第二阶段 GX06 观测孔水位拟合曲线

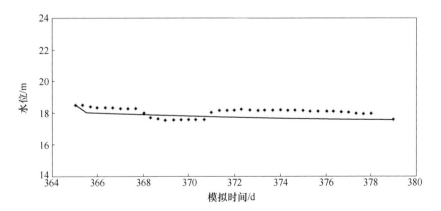

图 4-17　第二阶段 GX07 观测孔水位拟合曲线

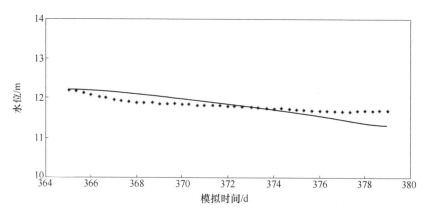

图 4-18 第二阶段 GX08 观测孔水位拟合曲线

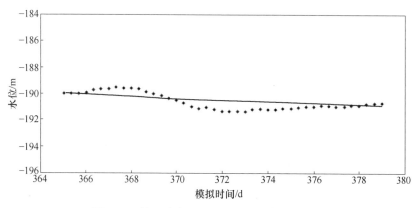

图 4-19 第二阶段 GX09 观测孔水位拟合曲线

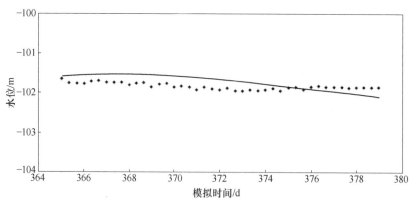

图 4-20 第二阶段 GX10 观测孔水位拟合曲线

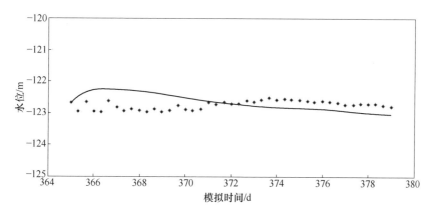

图 4-21 第二阶段 GX11 观测孔水位拟合曲线

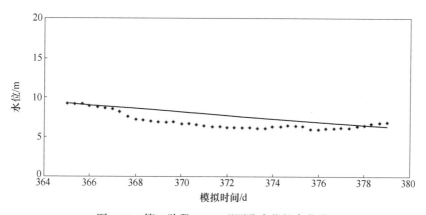

图 4-22 第二阶段 GX12 观测孔水位拟合曲线

识别期内，各观测孔水头与计算水头的平均残差为 -0.23m，平均绝对残差为 0.45m，标准误差估计为 0.07m，均方根为 1.87m，标准化均方根比例为 2.9%，说明误差占总水头差异的很小一部分；相关系数为 0.97，表明相关程度比较好。

由以上拟合曲线可知，各观测孔的观测水头动态曲线与计算水头动态曲线基本吻合，说明水文地质条件概化是合理的，识别后的水文地质参数是符合客观实际的，可以认为所建立的数值模型基本反映了模拟区的地下水运动规律，可将之应用于后续研究区内矿坑涌水量的预测研究中。模拟区水文地质参数分区如图 4-24 所示。

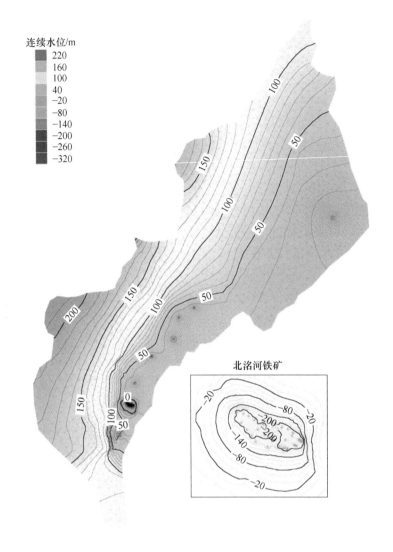

图 4-23 第二阶段模型运行结束时刻流场图

E 水均衡分析

经过模型识别，对整个模拟区的补给、排泄情况有了基本的认识，现根据获得的数据分别对模拟区地下水系统进行水均衡分析，均衡期为 2013 年 9 月 2 日至 2014 年 9 月 1 日一个完整的水文年。均衡量表见表 4-1，可见均衡期内整个模拟区地下水系统为负均衡。

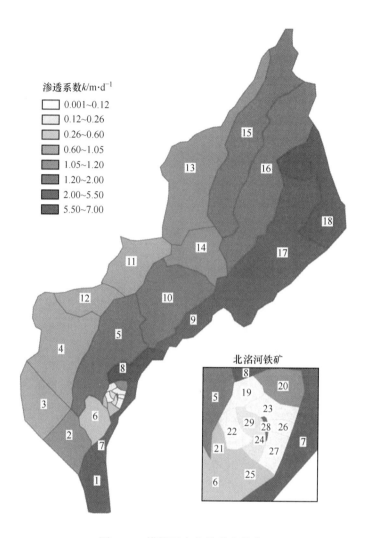

图 4-24 模拟区水文地质参数分区

表 4-1 地下水系统均衡量表（2013 年 9 月 2 日~2014 年 9 月 1 日）

项目	均衡要素	水量/$10^4 m^3$	占总量比例/%
	降雨入渗补给量	13760.52	58.70
	河流入渗补给量	4619.28	19.70
补给项	侧向补给量	2306.15	9.84
	矿坑排水回渗量	2756.31	11.76
	合计	23442.26	100.00

续表 4-1

项目	均衡要素	水量/10^4m³	占总量比例/%
排泄项	矿坑排水量	11362.80	43.34
	生活生产用水量	14852.19	56.66
	合计	26214.99	100.00
均衡差		-2772.73	

F 矿坑涌水量预测

a 矿坑涌水量预测的基本设置

(1) 根据矿床赋存条件，设置的开采水平为-320m、-410m。因此利用数值模型预测-320m、-410m开采水平时矿坑的疏干水量和正常涌水量。

(2) 根据当地水文气象情况，丰水年、平水年和枯水年的降雨量设置分别为800mm、550mm、300mm。

(3) 为了求得正常的矿坑涌水量，在各开采水平上，使相应水平排水巷道上的结点水位保持为该水平标高，先让模型运行两个偏枯的平水年（降雨量400mm），再运行丰水年、平水年和枯水年求其矿坑涌水量。

b 矿坑涌水量预测模型所需的基本数据

(1) 利用数值模型进行矿坑涌水量预测，其水文地质参数保持不变。

(2) 边界侧向补给量、降水入渗量、河水渗入量均按设置的枯水年、平水年、丰水年的降水量，参考模型识别时相应降水量年份的补给量给出。

(3) 在矿坑涌水量预测时，地下水开采量保持2014年开采量不变。

c 矿坑涌水量的预测及预测结果

矿坑涌水量预测过程如图4-25所示。表4-2、表4-3分别为开采至预测水平时，该水平中段矿坑涌水量及矿区矿坑总涌水量，图4-26为-320m水平开采预测流场图，图4-27为-410m水平开采预测流场图。

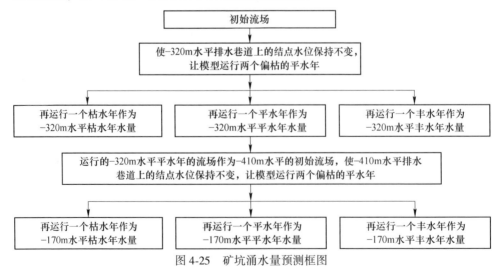

图 4-25 矿坑涌水量预测框图

表 4-2 −320m、−410m 水平中段矿坑涌水量预测表

开采水平/m	丰水年/m³·d⁻¹		平水年/m³·d⁻¹		枯水年/m³·d⁻¹	
	最大	正常	最大	正常	最大	正常
−320	15989	13593	13085	11356	12652	10657
−410	17431	14804	14457	12013	13721	11852

表 4-3 矿坑总涌水量预测表

开采水平/m	丰水年/m³·d⁻¹		平水年/m³·d⁻¹		枯水年/m³·d⁻¹	
	最大	正常	最大	正常	最大	正常
−320	35402	33515	32659	31449	31956	30659
−410	36481	34362	33619	31909	32804	31596

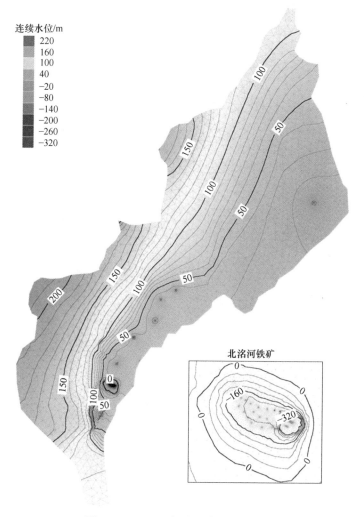

图 4-26 −320m 水平开采预测流场图

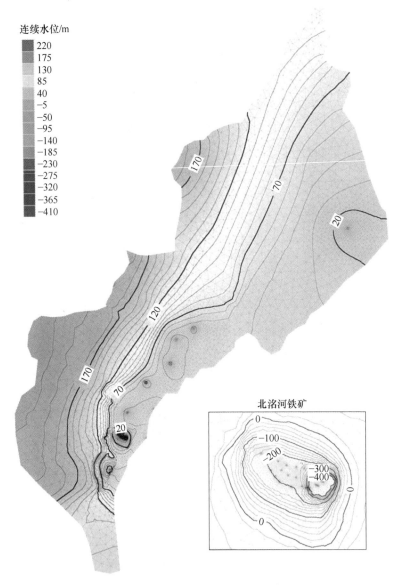

图 4-27 −410m 水平开采预测流场图

根据等水位线图可以看出，矿区地下水流场将以矿床开拓区域为中心，形成较深的降落漏斗，且水头值越来越小。在这种长时间、大范围、集中疏干的情况下，地下水位普遍下降，但降深体现出不均匀性和非同步性，较好地符合了矿区不同地段透水性及富水性存在较大差异的实际条件。

4.1.6 矿山防治水措施

北洺河铁矿经过前期系列有效的工作,已经具有很好的水患防治基础。针对此次勘探成果,结合矿山实际采掘工程,为进一步减少地下水对矿山施工建设的影响,降低和预防因突水造成灾害的危险性,需做好以下几方面的工作:

(1) 井下探放水。北洺河铁矿基建及生产工作历经数十年,在探放水方面积累了丰富的经验,有效地保证了矿山的安全开采,在下一步采掘过程中,仍然要坚持"有疑必探,先探后掘"的原则,在有突水危险的地段必须进行超前探放水工作,做到万无一失,确保矿山开采绝对安全。

对于-230m 以上各个水平井巷,掘进工作正逐步完成,矿山在-128m、-255m水平设有水仓,采用坑下放水孔疏干排水,以-245m 水平巷道为主疏干巷道,-170m 水平巷道为辅助疏干巷道,进行疏干放水,保证了-110~-230m 水平之间的安全采掘。因此,对于-230m 以上各水平,要充分利用现有的疏干工程进行疏干放水,以进一步降低地下水位,同时加强对排水设备的检修、维护,确保排水系统完好可靠。

对于-230m 水平以下矿山深部开采,由于北洺河矿区岩溶含水层透水性弱,地下水呈空间流场分布,短期内难以大规模降低地下水水头,高水头压力对矿体开采带来一定的安全隐患,为了消除或减少高水头压力对矿坑的威胁,可通过在疏干巷道施工放水钻孔,再借助分层采准工程施工放水孔,形成垂向上多层、平面上多点分散的放水疏干系统,将地下水位降低。此外,在采掘过程中遇到接触带、构造破碎带及掌子面接近灰岩局部富水地段,需用超前钻孔查明周围水体、含水构造等具体位置、产状,并集中施工一些放水孔进行放水降压,通过疏干工程和在强含水段施工的放水降压孔,将采掘水平强含水段的地下水释放排走,为采掘创造良好的作业条件。

(2) 加强矿山井下排水量的观测。多年来,矿山对井下-122m 和-245m 水平巷道的水仓排水量分别进行了统计。但是,由于排水系统较为复杂,有上水平的水泄入下水平,也有下水平的水又抽回上水平,难以对各水平涌水量做到准确、可靠的统计,给分析排水量增减与影响因素之间的关系带来困难。因此,可考虑分水平(主要为-122m、-230m、-245m)建矩形堰,进行长期观测、统计以了解不同水平的水量变化情况,分析矿坑水量随着开采深度的变化规律;同时,对不同年份(枯水年、平水年、洪水年)的洪水期坑下排水量进行加密观测、统计,尤其是北洺河改道后对河道充水期坑下排水量进行加密观测统计,以进一步了解北洺河改道后的河水对灰岩地下水补给程度和河水渗漏特征。

(3) 设置防水闸门。防水闸门是隔离突水区段采取的一种应急有效的措施。对于北洺河铁矿而言,矿床直接充水灰岩含水层富水性一般是较弱的,矿坑水量也不是很大。但是，由于矿坑采用并行疏干的方法，如遇到大构造带、破碎带等，也有可能导致突水发生。因此，设置防水闸门是很有必要的。为了保证防水闸门备而能用，需有专人负责，做到平时经常维修，用时发挥效能。

（4）加强矿坑排水设防能力。巷道突水具有很大的不确定性和随机性，危害极大，深部巷道开拓时，因基岩水含有一定的静储量，且水压较高，巷道施工时应加大排水仓、增加排水设施。

（5）地面塌陷观测及治理。矿山采用崩落法采矿，推算其最终开采错动范围面积约 1.5km²。崩落开采引发错动带范围内的顶板岩体（包括第四系）破坏，随之产生地面下沉、开裂、塌陷（塌洞）。前期在 -95m 水平以上开采时就已早造成 0.02km² 的塌陷区，塌陷区地面大量开裂，裂缝最大长度有百余米，宽度从几厘米到十几厘米。随着下部开采崩落，地面塌陷面积将会继续扩大，地面塌陷程度将更加严重。

经过对矿坑排水量几年的观测发现，因塌陷接受降雨、地表径流灌入（渗水）而导致坑下水量增加不明显。但洪水年和随后塌陷（塌洞）规模扩大，顶板破坏加剧，降雨、地表径流灌入（渗入）坑下水量不可轻视，必须引起高度关注。为了防止降雨和地表径流沿塌陷区（塌洞）灌入坑下，必须对地表塌陷区进行长期观测和处理，防止地表水进入塌陷区后溃入矿坑。

4.2　李楼铁矿

4.2.1　概况

安徽开发矿业有限公司李楼铁矿位于安徽省霍邱县境内，向西数千米即为豫、皖交界，矿床位于霍邱矿区中部，北有周油坊铁矿，东有诺普铁矿，南、西接四十里长山。

矿区地理坐标为，东经：115°56′45″～115°57′45″，北纬：32°21′30″～32°24′00″，矿区水文地质研究立足于矿区，放眼区域。因此，研究区范围界定如下：西起四十里长山地表分水岭，东至城西湖地表水体，南起马店至郑塔一带地表水次级分水岭，北至淮河，构成一个相对完整的水文地质单元，面积约 703km²。

4.2.1.1　地质概况

研究区地处华北地台南部，位于豫—淮台褶皱带东段之淮南复向斜以南，六安断裂以北，合肥拗陷和潢川拗陷之间，即构成淮阳山字型构造脊柱的四十里长山东侧一带，区内构造以断裂最为发育，褶皱次之。断裂主要形成和活动于凤阳期晚期，以北西向断裂为主，北北东向断裂次之；褶皱主要为阜平期、中岳期和燕山期，多为近南北向展布。

地层属华北地层区淮河地层分区,由老到新依次为新太古界霍邱群花园组混合岩,吴集组与周集组片岩、片麻岩;古元古界凤阳群大理岩、片岩;新元古界青白口系八公山群粉砂岩、泥灰岩和震旦系徐淮群粉砂岩、白云岩等;下古生界寒武系灰岩、白云岩;中生界侏罗系上统和白垩系下统砂岩;新生界第四系冲积、冲湖积及残坡积物。

4.2.1.2 水文地质概况

区域地下水可划分为松散岩类孔隙水,碎屑岩类裂隙、孔隙水,碳酸盐岩裂隙岩溶水和变质岩类裂隙水四种类型。区内广泛分布的第四系沉积物及其之下的变质岩类岩石风化带为地下水赋存提供了空间;西部四十里长山碳酸盐类岩石岩溶裂隙较为发育,广阔的淮河冲积平原地形较为平坦,为地下水补给提供了较为有利的条件,地下水接受西南部基岩裸露区大气降水入渗补给后,自西南向东北缓慢径流,并向上托顶补给第四系深层孔隙水,部分地下水以潜水蒸发形式排泄、部分地下水径流排泄至区外,该区地下水运动以垂向交替运动为主,侧向径流运动为辅。

李楼矿体赋存于新太古界霍邱群周集组片岩、片麻岩、斜长角闪岩及白云石大理岩中,由于构造作用,矿体及围岩倾角甚陡、裂隙比较发育,基岩裂隙含水带透水性、富水性较强,远离矿体两翼的片岩、片麻岩和白云石大理岩裂隙不发育,透水性差,在空间上形成南北狭长的地下含水体;矿体上覆周集组风化裂隙含水层、青白口系风化裂隙含水层与第四系孔隙含水层,其特点分布范围大、厚度大、透水性较差、富水性较弱;第四系底部一定空间范围内分布着砂、碎石含水层,其特点是厚度小、具有一定空间分布、透水性较强,但补给条件较差,上述各含水层之间存在不同程度水力联系,从而构成统一整体。

天然状态下,基岩地下水与第四系地下水有一定程度水力联系,水位趋于一致,目前矿山基建巷道掘进排水,矿山排水系统置于深部-200m标高,在矿山排水情况下,深部基岩裂隙含水层地下水压力释放,在垂向水头梯度作用下,第四系水通过垂向越流补给基岩裂隙水,垂向上存在很大的水头梯度,地下水疏干流场呈现三维空间流场。第四系孔隙水为矿坑水的最终来源,矿体及围岩裂隙为矿坑水的储存与运移通道。第四系底部薄含水层是影响矿坑充水强度的主要因素,为矿区主要含水层。

4.2.1.3 研究方法与研究内容

A 研究内容

矿区水文地质研究的目的是查明矿区的水文地质条件及矿床充水因素,预测矿坑涌水量,水源与通道构成了矿床充水的基本条件。根据李楼铁矿特殊水文地质条件,研究工作围绕如下课题展开:

(1)研究第四系地质体的空间分布规律。矿坑地下水的主要补给来源为上覆第四系松散堆积物孔隙水的垂向越流补给，它不但关系到矿坑涌水量的大小，还涉及矿山疏干对周边地质环境的影响问题。因此对第四系岩性、厚度、分布、各含水层富水性、透水性、空间叠加关系、水力联系及与下部基岩裂隙含水层的关系等做了重点研究。

（2）研究基岩裂隙发育规律。基岩裂隙是矿坑地下水储存和运移通道，不但控制和影响矿坑涌水量，而且影响矿坑突水部位及突水量，直接关系到矿山排水设防能力。因此，应基本查明基岩裂隙的发育程度、发育深度、充填程度、充水情况、透水性、富水性及其空间变化规律。

（3）研究矿床地下水运动规律。通过地下水流场及其动态变化，研究矿床地下水的运动规律，是矿区水文地质工作的核心。一方面研究天然状态下地下水运动特征，另一方面研究疏干状态下地下水运动特征。结合水文、气象资料，用系统的、统一的观点分析研究各含水层之间的水力联系及地下水与地表水之间的相互转化关系，查明矿坑水疏干影响边界，为论证和预测矿坑涌水量提供基础资料。

（4）矿坑涌水量预测研究。在查清矿区含水层及水文地质边界条件的基础上，对水文地质模型进行科学合理的概化，建立水文地质模型和数学模型，采用数值模拟，求取水文地质参数，结合矿山开采方案，预测和论证矿坑涌水量，为矿山设计提供依据。

（5）研究矿床疏干对地质环境影响。根据矿区水文地质条件和开采方案，矿山开采必须采取疏干降水措施，在此背景下，对疏干降水的影响范围、降落漏斗的发展规模、延伸方向、水位降低程度及其对周边水文地质环境的影响，要做出科学的评价和论证，提出合理的治理措施和方案。

B 研究方法

围绕上述研究课题，采取如下研究方法：

（1）第四系地质体研究立足矿区、放眼区域。区域研究范围应包括地表分水岭以内相对完整的水文地质单元，将地下水、地表水及大气降水作为统一系统进行研究。

（2）基岩裂隙发育规律的研究，在充分利用以往勘探成果基础上，结合矿山各项工作——地质补充勘探工程、矿山供水工程、巷道掘进工程、竖井及尾矿库工程地质勘察工程等深入研究。通过地质补充勘探地质孔简易水文地质编录、巷道水文地质编录并辅助于水文物探测井、钻孔注水试验，以查明基岩裂隙发育规律，基岩裂隙含水层富水性、透水性及其空间分布规律。

（3）地下水流场及其动态变化规律的研究，是此次矿区水文地质研究工作重点，也是研究项目的主要创新点之一。为获取地下水空间流场及其动态变化特征，地下水位观测采用三维空间立体系统而非传统的地下水位观测平面网络。该区矿山排水疏干流场为空间流场，垂向上存在水头梯度，即深部压力降低大，浅部压力降低小。为了获得空间流场分布，观测孔布设原则有三：一是设计不同深度第四系观测孔以测定垂向上不同深度地下水点压力；二是设计第四系浅孔以控制自由水面（势能最大）位置；三是利用补充勘探地质孔作基岩观测孔并结合矿山基建坑下压力表观测以获取基岩地下水位。

（4）水文地质参数求取方法是研究项目的另一个创新点。由于含水介质各向异性及空间分布不均一性，水文地质参数求取立足于巷道排水动态观测及大型巷道放水试验而不是传统的钻孔抽水试验。矿山基建巷道排水量和地下水动态观测可反映矿坑排水过程中地下水的动静转化、稳定与非稳定转化、疏干流场演变等规律，是此次勘探的中心工作，也是矿坑涌水量计算依据。

（5）水文地质模型建立是本书工作的核心，通过查明矿区水文地质条件，合理概化水文地质模型，建立水文地质数学模型和数值模型，采用先进的数值模型求解方法，利用矿山长期排水水量、水位动态资料和巷道放水试验资料，调整水文地质参数进行模型识别，最后通过建立的数学模型预测矿坑涌水量，提出矿山防治水方案，论证矿山排水对周围环境影响。

4.2.2 水文系统分析

4.2.2.1 地形地貌

A 地形

矿区地处淮河流域中上游冲积平原区，地势南高北低，西高东低。西南部为四十里长山丘陵，南部主峰白大山海拔高度为420m，其余海拔为100~200m，向北绵延入淮河南岸冲积平原。北部、东北部淮河河漫滩海拔高度为20~25m，东部城西湖农场海拔高度为20m左右。

矿床位于二级阶地的后缘，海拔高度为37~50m，地势西高东低，地形起伏较大，坳谷、冲沟较发育，冲沟宽2~10m，切深1.5~8m，多呈南西北东向展布，谷底标高为33~38m，雨后有间歇性流水。

B 地貌

根据地貌形态和成因可分为构造剥蚀地貌、河流侵蚀堆积地貌和河流堆积地貌三种类型。

构造剥蚀类型分布于测区西南部四十里长山丘陵区，丘陵多不连续，呈北西—南东向条带分布，基岩裸露区外斜坡上分布有上更新统残坡积物与二级阶地呈缓坡相接，其上侵蚀冲沟发育。

河流侵蚀堆积类型占全区面积的65%左右，按形态可分为二级阶地、一级阶地及河漫滩，二级阶地分布于河间地区，起伏较大，冲沟、坳谷发育，一级阶地分布于李集、侯店、潘店和王家南一带，阶面起伏，向河漫滩微倾，洪水期可被淹没。

河流堆积类型主要分布于城西湖农场一带，为淮河冲积平原，地形平坦，地下水位很浅。

4.2.2.2 气象水文

该区位于淮河流域，地处我国南北气候过渡带，气候属于亚热带季风气候区。气候具有四季分明、雨量充沛集中、温暖湿润、无霜期长等特点。

根据霍邱县气象站 1998~2006 年气象资料，历年平均降水量为 1074.2mm，降水量年际分配不均匀，最大平均降水量为 1507.8mm（2002 年），最小平均降水量为 506.4mm（2001 年）。降水量年内分配不均匀，降雨量主要集中在 6~8 月。

气候温暖湿润，历年平均蒸发量为 1231.5mm。年气温平均 16.4℃，最高气温 37℃，最低气温-12℃，地面平均气温 18.7℃，相对湿度 44%，最大积雪厚度 16cm，最大冻结深度 8cm，有霜期 33~45 天。

该区水系发育，主要地表水体有河流、水库、灌渠及池塘。矿区北部 20km 的淮河自西向东贯穿全区，西部的泉河、史河隔四十里长山与矿区相邻，东部为城西湖，区内地表水体纵横交错，星罗棋布。

淮河发源于河南省南部的桐柏山，流域面积 27×10⁴km²，多年平均径流量 6.21×10¹⁰m³，全线干流长 1000km，总落差 200m，比降平缓，平均为 0.02‰。

水库主要有龙潭水库、蝎子山水库、溜山水库等，其中，龙潭水库库容量为 5000×10⁴m³，蝎子山水库库容量为 700×10⁴m³。

河流与水库形成各自灌溉体系，大小灌渠 70 多条，主要灌渠有沣西灌渠与沿岗河，沣西灌渠沿着四十里长山走向自南向北引龙潭水库水灌溉淮河二级阶地稻田；沿岗河沿着一级阶地界线走向，自北向南引淮河水灌溉城西湖农场等一级阶地内稻田。

此外，区内池塘密布，大小池塘 1000 多个，平原区每平方千米有 3~5 个池塘，坳谷、冲沟内雨后有水径流，最终汇入淮河。

4.2.3 地下水系统特征

研究区西起四十里长山地表分水岭，东至城西湖地表水体，南起马店至郑塔一带地表水次级分水岭，北至淮河，构成一相对完整的水文地质单元，面积约 703km²。

4.2.3.1 地下水含水系统

根据地下水的赋存条件、水理性质及水力特征，将系统内地下水划分为松散岩类孔隙水，碎屑岩类裂隙、孔隙水，碳酸盐岩裂隙岩溶水和变质岩类裂隙水四种类型。

A　第四系松散岩类孔隙水含水层组

第四系松散岩类广泛分布于全区，占总面积的 90% 以上，厚度 80~260m，岩性由黏土、粉质黏土、粉土、粉细砂、中粗砂及泥灰岩组成。按埋藏条件及水力特征，分浅层含水层组和深层含水层组。

浅层含水层组是指全新统含水层，分布于一级阶地及河漫滩地带，含水层岩性为砂、砂砾石，厚度为 4~24.6m，顶板埋深 4.07~12m，富水性中等，单井出水量 350~1000m³/d。地下水为潜水，水位埋深 0.4~1.5m，直接接受大气降水补给，与淮河有互补关系，水化学类型为重碳酸钙型、重碳酸钙钠型、重碳酸硫酸钙钠型，pH 值为 8.0~8.3，偏碱性，溶解性总固体 408~854mg/L。

深层含水层组主要为中、下更新统，广泛分布于淮河冲积平原，地表无出露，二级阶地区被上更新统粉质黏土覆盖，一级阶地及河漫滩地带被全新统和上更新统覆盖。含水层主要由粉土、中粗砂、砂砾石组成，南部为半胶结泥灰岩，厚度为 20.0~121.17m，东部、东北部厚度大，向西和西南方向逐渐减小，至长山丘陵区逐步尖灭。富水性不均一，单井出水量为 157.0~1550.0m³/d，表现为东北强西南弱：东北部王截流—城西湖一带，含水层厚度大，层位稳定，富水性强，单井出水量为 1045.44~1549.67m³/d；李集、范桥、石店阜一带，含水层厚为 20~60m，富水性中等，单井出水量为 156.82~876.96m³/d；二级阶地后缘一带，含水层薄，富水性差，单井出水量小于 100m³/d，富水性贫乏。

深层含水层上覆 20~70m 粉质黏土，与浅层含水层水力联系较差，地下水为承压水，水位埋深 23m 左右，如图 4-28 所示，草楼一带水化学类型为重碳酸钠钙型，溶解性总固体 740mg/L。

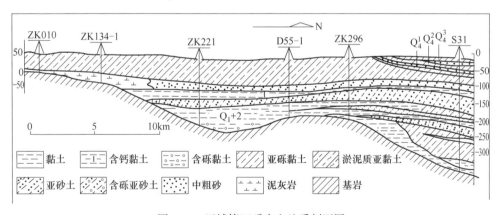

图 4-28　区域第四系水文地质剖面图

B　碎屑岩类裂隙、孔隙水含水层

矿区含水层由红层裂隙含水层及碎屑岩裂隙、孔隙含水层组成。红层裂隙含水层分布于区域西北部和东南部，主要为侏罗、白垩系砂岩、页岩组成，富水性差。碎屑岩裂隙、孔隙含水层分布于枯皮山、四十里长山一带，主要由新元古界震旦系长山组和青白口系曹店组组成，岩性主要为细砂岩、粉砂岩、砂砾岩、黏土岩等。岩石致密，裂隙不发育，富水性差，单井出水量小于 $100m^3/d$。

C　碳酸盐岩裂隙岩溶水

矿区含水层根据有无碎屑岩夹层分为碳酸盐岩裂隙岩溶含水层组和碎屑岩、碳酸盐岩裂隙岩溶含水岩组。

碳酸盐岩裂隙岩溶含水层组分布于四十里长山、四平山等地区，由寒武系上统、中统及震旦系部分地层组成。主要岩性为中厚层灰岩、白云质灰岩、白云岩，部分出露地表，岩溶较发育，泉水流量 $238.8m^3/d$，富水性中等。

碎屑岩、碳酸盐岩裂隙岩溶含水岩组分布于李集、四十里长山、马店一带，由寒武系中统、下统、震旦系凤台组和青白口系刘老碑组地层组成。岩性主要为灰岩、泥质灰岩、白云质灰岩组成，部分出露地表，裂隙岩溶发育，单井出水量 $345\sim440m^3/d$，富水性中等。

D　变质岩类裂隙含水层

变质岩类裂隙含水层广泛分布于区域中部，被第四系所覆盖，由下元古界及新元古界地层组成，裂隙不发育或被充填，富水性差，上部风化带富水性稍好。

重新集一带白云岩、大理岩及铁矿风化强烈，大理岩岩溶发育，富水性较强，钻孔抽水试验水位降低 4.99m，涌水量达 $1229.82m^3/d$；洪台子、黄台子一带及区内中部呈狭长地带，富水性中等，单井出水量 $200\sim300m^3/d$；李台子、朱港、张庄、李老庄、范桥、吴集一带，由周集组下段、吴集组和花园组组成含水层，富水性差，单井出水量一般小于 $10m^3/d$。地下水为承压水，水化学类型简单，一般为重碳酸钙型、矿床附近受其影响，水化学类型复杂，为重碳酸钠型或重碳酸钙钠镁型，pH 值为 $7.1\sim7.7$，中偏碱性，溶解性总固体 $334\sim399mg/L$。

上述各含水层之间存在一定程度水力联系，基岩各含水层之间无良好的隔水层存在，通过裂隙发生水力联系；中下更新统孔隙含水层与基岩风化裂隙含水层之间局部有天窗存在，通过天窗发生水力联系；全新统孔隙含水层与中下更新统孔隙含水层之间亚黏土层厚度大、分布稳定，水力联系较差。

4.2.3.2　地下水流动系统特征

工作区西南面为四十里长山地表分水岭，南面马店一带为地表次级分水岭，北面、东北面为淮河，东面为城西湖，地势西南高东北低，地下水接受西南部基岩裸露区大气降水入渗补给后，自西南向东北缓慢径流，并向上托顶补给第四系深层孔隙水，第四系地下水在接受下伏基岩风化裂隙水补给的同时，还接受上面大气降水入渗补给、地表水入渗补给，依地势自西南向东北缓慢径流，地下水埋藏浅，大部分地下水以潜水蒸发形式排泄。该区地下水运动以垂向交替运动为主，侧向径流运动为辅，如图 4-29 所示。

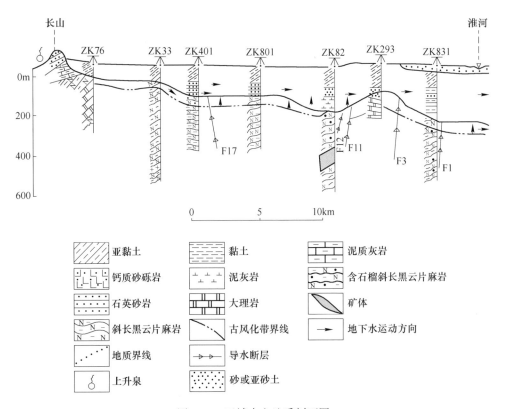

图 4-29 区域水文地质剖面图

A　地下水补给系统

地下水的补给方式主要为大气降水入渗补给，其次为渠道、池塘地表水渗漏补给以及田间灌溉水入渗补给。

（1）大气降水入渗补给。大气降水入渗补给取决于大气降水量和入渗条件。该区属于亚热带季风气候区，气候温暖湿润，雨量充沛集中，根据 1998～2006年气象资料，历年平均降水量为 1074.2mm，为大气降水入渗补给地下水提供了足够的物质来源，但补给条件较差。

西部四十里长山构造剥蚀丘陵区基岩裸露地表，基岩风化裂隙比较发育，植被发育，残坡积物厚度薄，一般厚度为 0～5m，可接受大部分大气降水入渗补给。

冲积平原区地表岩性以黏土、粉质黏土为主，降水入渗条件差，但地形比较平坦，地下水位埋深较浅，包气带厚度小，且具有较大范围的汇水面积（703km^2），可接受一定的大气降水入渗量。

（2）地表水渗漏补给。该区水系发育，池塘密布，区内大小池塘 1000 多个，平原区每平方千米 3~5 个池塘；灌渠纵横，大小灌渠 70 多条，其中，位于工作区西部地下水径流区的沛西灌渠常年有水，宽 25m，长 25km 左右，自南向北贯穿全区。广泛分布的地表水体为地表水入渗补给地下水提供了丰富的水源，尽管地表岩性以黏土、粉质黏土为主，渗漏条件差，但灌渠、池塘常年有水，地表水渗漏补给为第四系浅层地下水的补给途径之一。

（3）灌溉水田间渗漏补给。该区位于淮河流域，水稻为主要种植作物，水田广泛分布于区内，历年 6~10 月为水稻种植期，灌溉水可通过渗漏补给地下水，地表岩性以黏土、粉质黏土为主，渗漏条件差，但大面积的水田灌溉水渗漏补给是第四系浅层地下水补给的一个途径。

B　地下水径流条件

区内第四系中下更新统黏土、粉质黏土，透水性差，可视为厚大弱含水层，地下水径流缓慢，流场随地势起伏明显，自各冲沟两翼向冲沟运移，但总体上地下水流向为由南向北运移，最终排出区外，该弱含水层地下水一方面接受大气降雨补给、地表水体渗漏补给，另一方面接受深部基岩风化裂隙水越流补给。

基岩风化裂隙含水层为该区主要含水层，西南部的四十里长山基岩裸露区基岩裂隙水接受大气降雨补给后，沿风化裂隙带自南向北运动，最终排出区外。由于基岩风化裂隙透水性较差，径流缓慢，在地下水径流途中，地下水在压力作用下，通过"天窗"向上补给第四系深部中、下更新统孔隙水含水层。

总之，该区地下水运动以垂向交替运动为主，侧向径流运动次之，天然状态下，基岩裂隙水水位、第四系深部孔隙水水位、第四系潜水位基本一致，并接近地表，局部低洼地段有泉水溢出。

C　地下水排泄条件

地下水的排泄方式主要为潜水蒸发，其次为人工开采和径流排泄。

潜水蒸发与气象因素、地下水埋深、土壤岩性和植被有着密切关系。该区气候温暖湿润，历年平均蒸发量为 1231.5mm。区内地下水埋藏浅（1~4m），地下水通过毛细水的作用，上升或扩散到非饱和带的土壤内，通过土壤蒸发、植物蒸腾方式逸入大气中。

区内地表水资源丰富，地下水开采程度低，地下水开采基本为生活用水，近年来，由于矿山开发排泄地下水，人工开采地下水逐渐成为地下水排泄的重要途径。地下水除潜水蒸发和人工开采外，自南向北径流，最终排泄至淮河。

4.2.3.3　地下水动态变化特征

该区地处江淮地区，气候为亚热带季风气候，年降水量较大，雨量充沛，地表水资源丰富，地下水开采程度低，天然状态下，地下水动态为降水-蒸发型，且动态变化不大。

区内地下含水系统不论基岩风化裂隙含水层，还是第四系松散岩类孔隙含水层，富水性、透水性较差，地下水径流缓慢，地下水运动以垂向交替运动为主，即第四系水同时接受基岩风化裂隙水和大气降水、地表水双向补给，并以潜水蒸发形式排泄。地下水位变化的主要影响因素为大气降水入渗补给与潜水蒸发排泄，雨季降水量增大，入渗补给量增大，地下水头升高，但同时地下水位埋藏浅，潜水蒸发排泄量也相应增大；旱季降水量减小，入渗补给量减小，地下水头下降，但同时地下水位埋藏深，潜水蒸发排泄量也相应减小。同时，区内地表水系发育，池塘密布，尽管入渗条件较差，但对地下水长期的缓慢的渗漏补给，使地下水动态变化不大。

4.2.4 矿床充水特征分析

4.2.4.1 矿区地质概况

A 地层

李楼铁矿床位于霍邱铁矿区的偏南部，其东部为诺普矿床，北部为周油坊矿床。李楼铁矿床含矿岩系为霍邱群周集组（见图4-30）。地层由老到新依次为：

（1）霍邱群周集组（Ar_4z）。从老到新，自西向东分为3个岩性段，即角闪石黑云变粒岩段（Ar_4z^1）、含矿岩段（Ar_4z^2）及白云石大理岩段（Ar_4z^3），如图4-30所示。

（2）角闪石黑云变粒岩段（Ar_4z^1），岩性主要有角闪黑云斜长片麻岩，角闪黑云斜长变粒岩，角闪石云母白云石大理岩等，厚度约150m；含矿岩段（Ar_4z^2），由3层矿体和两个透镜状矿体组成，矿体间的隔层主要为石英云母类片岩和铁闪片岩，厚度为30~195m。白云石大理岩段（Ar_4z^3），主要岩性有白云石大理岩、透闪金云白云石大理岩、石英透闪白云石大理岩等，推测厚度为600m。

（3）新元古界青白口系刘老碑组（Qnl）。揭露厚度为0~170.31m，分布在矿区7线以南。自北向南，自东向西渐厚。主要岩性为青灰色、黄土色薄层-中厚层泥质灰岩、泥灰岩类粉砂黏土岩、泥质白云质灰岩、砂质泥岩。下部为薄-中厚层暗色石英砂岩、砂砾岩。

（4）新生界第四系（Q）。厚99.72~130.03m。中下更新统（Q_{1+2}）厚度为32.68~66.18m，主要为黏土、亚黏土夹亚砂土、砾质黏土，底部有钙质黏土、钙土、泥灰岩等。上更新统（Q_3）厚度为54~69m，主要岩性为粉质黏土。

B 构造

矿区构造线主体方向呈近南北向，总体构造格架为周集倒转向斜，并因倒转褶皱出现轴面断裂、同期"X"形断裂及破碎带。

褶皱：矿床地层走向近南北，-400m以上，倾向西，倾角大于70°；在标高-400~-600m产状近直立；-600m以下地层产状向东倾斜，具向斜倒转特征。向斜轴部为周集组上段白云石大理岩，轴面走向近南北，微向西凸出的弧形分布，

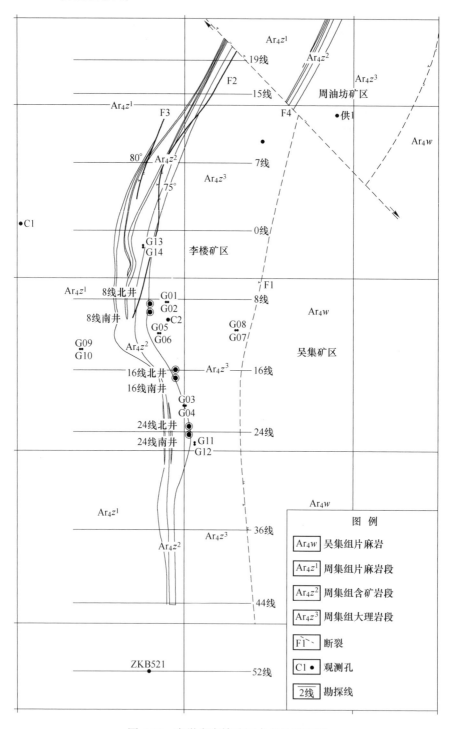

图 4-30　安徽省李楼矿区水文地质略图

两翼倒转，倾角大于 70°，两翼为周集组下岩段和吴集组，由于轴面断裂发育，造成东部周集组下岩段缺失，向斜核心周集组上段白云石大理岩呈超覆现象与吴集组混合岩直接接触。

断层：矿区断层主要有两组，即纵向断层（F1、F2、F3）、斜交断层（F4）。

F1 断层位于矿床东侧，走向南北、倾向西、倾角 70°左右，处于向斜核部，为轴面主断裂。断层使周集组下岩段缺失，断层破碎带假厚度达 186m，其中吴集组混合岩中厚 61m，周集组下岩段白云石大理岩中厚 125m，以破碎糜棱岩为主，大理岩强烈压碎蚀变呈白泥化，多层辉绿岩充填，存在角砾构造。

F2 断层位于矿床中部，与 F1 平行，倾向与片理方向一致。断层附近主矿体及部分围岩重复叠置，并以辉绿岩充填，断层内岩石、矿物搓碎-重结晶、变形-交代重结晶现象普遍，破碎带宽度 70m 左右。

F3 断层在 F2 西侧，走向南北，倾向西，断层具有搓碎-交代重结晶等不同程度变质、变形构造，辉绿岩充填其间。

F4 位于李楼矿床与周油坊矿床之间，走向北西，倾向北东，倾角 70°，两矿落差数百米，平移 600m。地层缺失，平移明显。破碎带假厚度达 106m，早期糜棱岩化、晚期角砾岩化，新生白云石、菱铁矿、石英出现。大理石片理化白泥带，多层辉绿岩充填。

破碎带：是指断层以外未造成岩层明显错移的一系列破碎和断裂，主要见于 F2、F3 断层两侧，范围达整个含矿岩段及其顶底板岩段一部分，呈条带状分布。

4.2.4.2 矿床充水因素分析

A 地下水含水系统特征

根据矿区主要含水层的溶水空间特征，将矿区划分如下含水层组。

a 第四系孔隙水含水层组

第四系松散岩类广泛分布于矿区，总厚为 99.72 ~ 130.33m，平均厚 117.11m，受古地形控制，总趋势是北部厚度大于南部，东部厚度大于西部，8 线以北平均厚度 116.80m，8 线以南平均厚度 120.08m，7 线附近因古地形隆起，厚度明显变薄。富水性差，单井出水量小于 100m³/d（见图 4-31）。

上更新统岩性为黏土、粉质黏土，局部地段岩性相变为粉土，总厚度为 54.89 ~ 68.99m。该层分布稳定，富水性、透水性差，自南向北含砂量逐渐增多，渗透性增大，钻孔抽水试验：单位涌水量 0.002 ~ 0.007L/(s·m)，渗透系数 0.008 ~ 0.032m/d，属弱含水层，为当地居民生活用水开采层，水化学类型为 $HCO_3Cl-CaNa$ 型、$HCO_3Cl-CaMg$ 型。

中下更新统上部主要为黏土、粉质黏土及粉土，总厚度为 32.68 ~ 66.18m，其中，粉土厚 0 ~ 4.65m，平均厚 2.24m，8 线以北平均厚度 2.62m，向南向西逐渐变薄直到尖灭，属弱孔隙承压水；下部为粉质黏土、钙质粉质黏土、粉土、砂砾石及泥灰岩等，厚度稳定，钻孔揭露 71.22~74.56m 为粉细砂层，粉细砂层以下薄层钙土或钙层，厚度 0~2m；钻孔抽水试验：单位涌水量 0.005~0.014L/(s·m)，渗透系数 0.015~0.058m/d，自北往南有增大趋势。

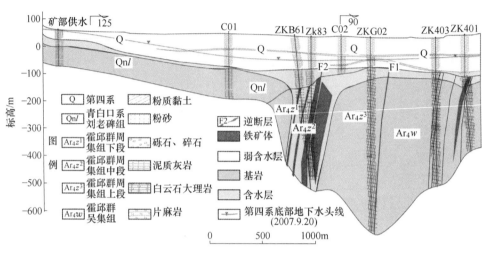

图 4-31 矿区水文地质剖面图

中下更新统底部半胶结泥灰岩厚度 3.03~20.20m，分布于 24 线以北，0 线附近缺失，北部厚度大于南部厚度，往南至 24 线附近渐变为钙土，溶洞、溶隙发育，含溶隙承压水。底部有少量透镜体砂砾石，最大揭露厚度 4.35m，局部地段透水性强。根据竖井工程地质勘查钻孔抽水试验，抽水段为中下更新统下部粉细砂层和底部半胶结泥灰岩，单位涌水量为 0.0112~0.0194L/(s·m)，渗透系数 0.21~0.79m/d。

b 青白口系裂隙含水层组

青白口系伏于第四系之下，分布于 7 线以南，产状平缓，岩性为泥灰岩、角砾岩等，揭露厚度 0~170.31m，向北向东逐渐变薄至尖灭。上部 4.2~58.6m 为风化带，呈似层状，裂隙发育不均一，矿体附近裂隙发育，SZK162 钻孔青白口系泥灰岩和周集组片麻岩抽水试验，单位涌水量为 0.609L/(s·m)，远离矿体部位裂隙发育较差，如本次勘探施工的 C1 钻孔青白口系泥灰岩抽水试验，单位涌水量为 0.0211L/(s·m)，水质为 HCO_3-NaCaMg 型。

c 周集组风化带裂隙含水层组

周集组风化带伏于青白口系与第四系之下。呈似层状分布，局部呈袋状，沿矿体走向呈微起伏条带状。垂向上西低东高弧线形，最大高差大于 100m。风化带岩性有片岩、片麻岩、大理岩及铁矿层等，揭露厚度 11.09~113.79m。矿体附近裂隙发育强烈，7 线以北直接伏于第四系之下，风化强烈，上部强风化带厚度

$15.14 \sim 32.26m$，岩心为砂土状，富水性较强，往南随青白口系厚度增加，风化程度相对减弱。

d 矿体及围岩裂隙、溶隙含水层组（Ar_4z）

矿床为一倒转单斜构造，岩层产状陡立，含矿带厚度 $30 \sim 195m$，0 线厚度最大，向北、向南逐渐变薄，从地层岩性角度出发可划分为矿体顶板含水层组、含矿带含水层组及矿体底板含水层组，但从地下水赋存、水理性质和富水性角度出发，可作为一个含水层组进行论述。

含矿带上部主要岩性为片岩、片麻岩、斜长角闪岩及白云石大理岩，裂隙一般不发育，且多被充填，富水性、透水性较弱。含矿带下部主要为石英镜铁矿石，挤压破碎部位裂隙发育，裂隙密集出现，多被碳酸岩盐充填，充填物多有溶蚀现象，常沿裂隙方向形成溶蚀沟槽；白云石大理岩中出现较大溶洞，8 线竖井施工中见溶洞，面积 $1.0 \sim 2.5m^2$，出现突水现象，富水性、透水性较强。

根据坑道水文地质编录情况，出水点和滴水区主要分布在矿体范围内，和矿体与岩石的接触带两侧，远离矿体的片岩和大理岩则多为潮湿或干燥区。16 勘探线 935m 长巷道统计出水点 18 个，一般水量 $0.1 \sim 1L/s$，最大水量 $15L/s$；24 勘探线 1433m 巷道统计出水点 34 个，一般水量 $0.1 \sim 0.7L/s$，最大水量为 $2.51L/s$，各出水点均为裂隙出水，出水裂隙多为走向近东西向、倾向相反的"X"形裂隙，倾向一般为 $NE14° \sim NW340°$ 或 $SE160° \sim SW189°$，倾角一般为 $61° \sim 85°$，宽度一般 $1 \sim 2mm$，局部宽为 $3 \sim 5mm$，最大宽 $5 \sim 10mm$，较宽的裂隙充填有方解石脉。

矿床围岩受成矿及构造作用影响，靠近矿带附近裂隙较发育，矿体顶板分布于矿体西侧，主要岩性为片岩、片麻岩，岩芯完整，裂隙多被充填，富水性透水性弱；矿体底板分布于矿体东侧，主要岩性为白云石大理岩，在靠近矿带附近构造破碎部位，钻进中不返水，含水较丰富。SZK243 孔抽水试验，试验控制在 $197.70 \sim 275.69m$，单位涌水量为 $0.01098L/(s \cdot m)$。

远离矿体影响带的矿体顶板片岩片麻岩、底板白云石大理岩，裂隙不发育，透水性很弱，可视为相对隔水层。

B 矿床充水因素分析

矿区各含水层组之间存在不同程度的水力联系，第四系粉土与下部泥灰岩含水层之间虽有黏土、粉质黏土相隔，但在 7 线附近因古地形隆起，黏性土变薄，乃至尖灭，形成"天窗"，第四系粉土与下部泥灰岩含水层水力联系密切。

$8 \sim 24$ 线第四系底部的泥灰岩，直接覆于青白口系风化裂隙带之上，两个含水层水力联系密切；7 线以北第四系底部含水层直接覆于周集组风化带之上，二者水力联系密切。在含矿带东侧及 7 线附近，青白口系趋于尖灭，于 16 线附近青白口系风化带与周集组风化带直接接触，水力联系密切。

综上所述，第四系含水层、青白口系裂隙含水层及周集组裂隙含水层之间虽有相对隔水层存在，但隔水层的厚度、岩性、分布等均有变化，各含水层之间存在不同程度的水力联系，可视为统一含水系统，其特点是厚度大、分布广、透水性、富水性弱。矿体及其顶底板接触带附近，构造裂隙比较发育，富水性、透水性较强，客观上形成一个南北向狭长的富水带，因此，从空间上看，地下含水系统是上部为分布广、近似水平厚大弱含水体，下部连接着一个透水性较强的南北向集水廊道。上部厚大弱含水体为矿坑充水来源，下部狭长带状廊道为矿坑水储存和运移通道，二者之间薄层砾石含水层透水性较强，为矿区主要含水层，是矿坑充水强度的主要影响因素，控制着矿坑疏干排水影响边界范围。

4.2.4.3 矿区地下水流动系统特征

A 天然状态下地下水运动规律

在天然状态下，矿区基岩风化带地下水接受西南部区域地下水侧向补给后，地下水自西南向东北径流，由于基岩风化带透水性较差，地下水侧向径流运动缓慢，基岩风化裂隙水通过"天窗"向中、下更新统托顶越流补给第四系深层地下水，基岩裂隙水水头、第四系深层孔隙水水头、第四系浅层孔隙水水头趋于一致，据 2002 年地质详勘报告，基岩地下水位埋深 8~14m，在附近矿山小规模开采深层水的情况下，基岩地下水头略低于第四系浅层水头。

B 矿山排水条件下地下水运动规律

在矿坑疏干排水条件下，地下水运动必然发生改变，形成新的地下水疏干流场。巷道排水系统位于深部-200m，巷道排水使深部地下水压力突然释放，地下水以空间渗流形式向排水点汇流，形成了一定范围的地下水压力释放空间场。

在地下水运动过程中能量不断消耗，反映在水头沿流线方向不断地减小，在水平上、垂向上各点的水头不同，即 $H = f(x, y, z, t)$。地下水非稳定流运动，根据能量守恒和转化规律，不考虑速度水头和惯性水头时，地下水水头可表达为：

$$H = Z_1 + \frac{p_1}{r} = Z_2 + \frac{p_2}{r} + \Delta h_1 = Z_3 + \frac{p_3}{r} + \Delta h_2 = \cdots = Z_n + \frac{p_n}{r} + \Delta h_{n-1}$$

$$(4-2)$$

式中　　　　　　　　　H——地下水总水头；

$Z_1, Z_2, Z_3, \cdots, Z_n$——位置水头，代表单位重力液体的位置势能；

$p_1/r, p_2/r, p_3/r, \cdots, p_n/r$——压强水头，代表单位重力液体相对于大气压的压强势能；

$\Delta h_1, \Delta h_2, \Delta h_3, \cdots, \Delta h_n$——水头损失，代表单位重力液体在流动过程中克服介质阻力而消耗的机械能。

式（4-2）表明，地下水从自由水面向下运动过程中，水头逐渐减小，水头损失 Δh 是靠压强水头减小来平衡，也就是说水头损失增大，压强水头就要降低；

势能增减是由原来的潜在压能转变而来的。

地下水从势能最高处（即自由水面）向下渗流运动到出水口，在其运动过程中，随着渗流途径增加，水头损失也随之增大，压能水头则要降低（即水位降低），其出水口处附近的水头损失值可根据出水口处附近的压力值来反映。水头损失大小与渗流途径长短和岩层介质渗透性强弱有关。渗透途径越长及渗透介质越弱，水头损失越大；反之，水头损失小。表现为垂向上存在很大的水头梯度，即深部压力降低大，浅部压力降低小。

矿区第四系底部地下水补给深部基岩裂隙水，由于该含水层空间分布面积大、厚度小、透水性较强，但补给条件较差，因此，第四系底部水头迅速降低并扩展，使得上覆第四系厚大弱含水层在水头差的作用下，垂向越流补给第四系底部地下水，然后补给矿坑水。

地下水流线呈空间辐射状向排水点汇流，等势面为曲面。等势面曲率大小与排水点远近、含水介质透水性有关。排水点附近等势面曲率大，流线呈辐射状分布（空间流），由于第四系底部砂碎石含水层透水性强，等势面曲率小并近于竖直，流线呈水平状分布（平面流），上覆第四系厚大弱含水层，等势面曲率小但近于水平，流线呈垂直状分布（垂向越流），如图4-32所示。

矿坑排水，第四系底部地下水向排水点方向运动，地下水压力水头降低并迅速向四周传导，上覆第四系厚大弱含水层地下水在压力差作用下，垂向越流补给该层水，地下水在运动过程中因克服介质阻力要产生能量损耗，即压能降低。上部能量损失小，水头压力高；下部能量损失大，水头压力低，同一地面不同深度的水头压力是不一样的，垂向上不同深度的水头压力差大小随含水介质透水性强弱而变化。透水性弱，则垂向上水头压力差大；反之，则小。

目前，李楼铁矿因矿山基建而开拓巷道，矿坑长期排水相当于大型巷道放水试验，矿坑排水量6500m³/d左右，已经形成了一定范围的地下水疏干流场。在垂向上水头梯度已经形成，不同深度地下水点压力不同，据2007年9月18日观测：-200m巷道排水点附近水压力为1.10~1.39MPa，即水头-90~-61m，ZKB121孔第四系底部水头为-52.28m，G01孔-80m位置水头为22.15m，G02孔第四系潜水（自由面）水头33.98m。说明深部矿坑排水时，地下水压力释放，上覆第四系孔隙水在重力作用下，垂向越流补给矿坑水。

在水平上第四系底部地下水压力降低漏斗形状为南北向椭圆状，漏斗平缓、空间展布远，南北向长轴6.5km，东西向短轴5km。据2007年9月18日观测：巷道附近C02孔水头-47.88m，西北部距8线竖井900多米的C01孔水头-38.44m，东北部距8线竖井1600多米的1号供水井地下水头-46.52m。南部距24线竖井1400m的ZKB521孔地下水头为-12.77m。

第四系潜水（自由面）水位下降1~3cm，第四系水在越流补给深层地下水

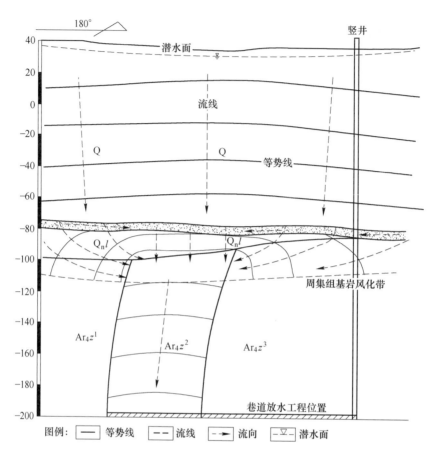

图 4-32　李楼铁矿降水疏干的地下水空间流场分布示意图

的同时，还源源不断地接受大气降水入渗补给、地表水渗漏补给，因此，第四系潜水水位下降值较小，降落漏斗不甚明显。

4.2.4.4　矿区地下水动态变化特征

目前矿山长期排水，成为地下水主要排泄项，影响地下水位动态变化的主要因素为大气降水量和矿山排水量。

在垂向上，不同深度地下水受这两个因素影响程度不同。第四系浅部地下水主要受降水量、蒸发量变化影响，丰水期比枯水期水头上升 0.06~1.36m，第四系深部地下水主要受降水量、矿坑排水量影响，枯水期与丰水期相比水头有升有降，水头变幅 -0.79~1.01m，深部基岩地下水主要受矿坑排水量影响，水头缓慢下降，如图 4-33 所示。

地下水动态变化特征反映了地下水系统内在规律：

（1）第四系水垂向越流补给矿坑水的同时，还接受大气降水入渗、密布的

地表水体渗漏等源源不断地补给,并且第四系接受入渗补给量大于其垂向越流补给矿坑水量,因此矿坑水无法疏干;

(2)矿坑排水首先消耗地下水静储量,随着时间的推移,地下水静储量逐渐减少,矿坑排水逐渐减小,最终排水量趋于基本不变,此时矿坑排水量等于地下水对矿坑水的补给量,由于第四系厚大弱含水体的垂向越流补给缓慢,达到相对稳定状态需要漫长的过程。

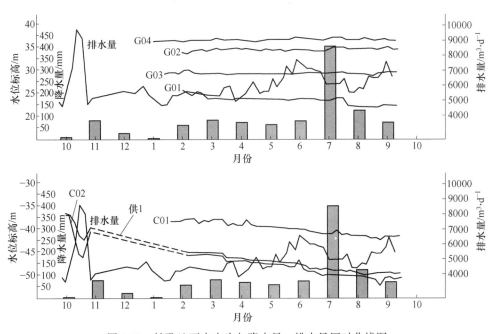

图4-33 钻孔地下水水头与降水量、排水量历时曲线图

矿坑长期排水,目前已经形成相对稳定的地下水空间流场。2007年3月10日至9月10日(184天),矿坑排水量平均为6138m³/d,巷道附近C02孔水头降低了3.70m,西北部C02孔水头降低了2.29m,东北部供1孔水头降低了3.17m,说明基岩地下水头降落漏斗平缓地缓慢下移,地下水流场逐渐趋于相对稳定。

4.2.5 矿坑涌水量预测

4.2.5.1 矿坑涌水量预测概述

李楼铁矿位于淮河流域中上游冲积平原二级阶地区,矿体赋存于新太古界霍邱群周集组片岩、片麻岩、斜长角闪岩及白云石大理岩中。由于构造作用,矿体及围岩裂隙比较发育,透水性富水性较强,原离矿体两翼的片岩、片麻岩和白云石大理岩裂隙发育较差,透水性较弱,沿矿体及围岩在空间上为一条南北狭长的裂隙发育带,构成了矿床地下水储存与运移的通道。矿体上覆周集组风化裂隙含水层、青白口系风化裂隙含水层与第四系孔隙含水层，分布范围大、厚度大，但透水性较差、富水性较弱，在第四系底部分布有一薄层砂、砾石、碎石，其透水性较强、补给条件较差，具有一定分布空间范围[20]。

矿山排水系统置于深部-200m，矿坑排水使水压力突然释放，通过基岩裂隙含水带，第四系底部薄含水层水头迅速降低并大范围扩展传导，在巨大的垂向水头梯度作用下，上覆第四系地下水通过垂向越流补给该层水，垂向上存在水头梯度，即深部压力降低大，浅部压力降低小，地下水疏干流场呈现三维空间流场，第四系地下水是矿坑涌水的主要补给来源[21]。

李楼铁矿床南北走向长约3.4km，东西宽约500m。矿体顶部埋深90~341m，矿体斜深100~767m，最大控制深度-862m。矿山基建期6年，生产服务年限32年，采矿规模为年产矿石530万吨。

目前，正在进行0勘探线至28勘探线内-200m以上60万吨/年规模采选工程的建设；深部矿床拟采用两期开采的方案。一期开采15~48勘探线内-200~500m标高之间的矿体，年限24年。二期开采15~44勘探线内-500~-700m区段，年限8年；各中段开采顺序为：-500m、-400m、-300m、-700m、-600m，沿走向的开采顺序为前进式，即从矿床中央向两翼推进，采矿方法为阶段空场嗣后充填采矿法。

4.2.5.2　数值法预测矿坑涌水量

根据矿区水文地质条件及矿区排水影响范围，水文地质计算模型范围界定为：西部以二级阶地为界；东部至西楼—朱家老圩一线；南部以337地质队为界；北部到古堆—薛圩一线，面积33.82km²。

A　水文地质模型概化

a　含水系统概化

根据前面水文地质条件分析，矿区含水层系统从上到下可大致划分为第四系孔隙含水系统（含水层或弱含水层）、基岩风化裂隙含水系统（含水层）、矿带裂隙含水系统（含水带）。其中，第四系孔隙含水系统底部有一薄层砂砾石，最大揭露厚度4.35m，透水性强，它与基岩风化裂隙含水系统直接接触，为矿区主要含水系统（含水层）。

b　地下水流动系统概化

在天然状态下，地下水大致由西向东运动，第四系孔隙含水系统与基岩风化裂隙含水系统地下水在压力差的作用下，垂向交替运动。第四系孔隙含水系统主要表现为大气降水补给、蒸发排泄；基岩风化裂隙含水系统在西部边界得到侧向补给后，向下游排泄，并沿途向上越流补给。

在矿床开发条件下，由于矿体开发部位地下水头的降低，上覆基岩风化裂隙含水系统的水沿矿带向下运移补给，使基岩风化裂隙含水系统在矿带附近形成地下水头降落漏斗, 漏斗附近地下水流由四周向漏斗中心汇集。由于地下水头的降低, 第四系孔隙水在压力差作用下对基岩风化裂隙含水系统垂向（越流）补给, 第四系孔隙含水系统为基岩风化裂隙含水系统的主要补给源。

c 边界条件概化

根据地下水系统的边界特征, 将西部边界概化为流量边界, 其他边界大致以地下水分水岭为界, 可概化为零流量边界。

综上所述, 将含水系统概化为非均质各向异性含水系统, 地下水流系统概化为三维非稳定流。

B 数学模型

根据水文地质条件的概化, 可相应写出如下数学模型:

$$
\begin{cases}
\dfrac{\partial}{\partial x}\left(K_x\,\dfrac{\partial H}{\partial x}\right) + \dfrac{\partial}{\partial y}\left(K_y\,\dfrac{\partial H}{\partial y}\right) + \dfrac{\partial}{\partial z}\left(K_z\,\dfrac{\partial H}{\partial z}\right) - \sum_{i=1}^{m} Q_i \delta(x - x_i,\ y - y_i,\ z - z_i) = \mu_s\,\dfrac{\partial H}{\partial t} \\[2mm]
(x,\ y,\ z) \in \Omega,\ t \geqslant 0 \\[2mm]
H(x,\ y,\ z,\ t) = H_0(x,\ y,\ z) \quad (x,\ y,\ z) \in \Omega,\ t = 0 \\[2mm]
K\,\dfrac{\partial}{\partial n}H(x,\ y,\ z,\ t) = q_e(x,\ y,\ z,\ t) \qquad (x,\ y,\ z) \in \Gamma_1,\ t > 0 \\[2mm]
K_z\,\dfrac{\partial}{\partial z}H(x,\ y,\ z,\ t) - \varepsilon + E_0\left(1 - \dfrac{H_a - H}{S_{\max}}\right)^m = -\mu\,\dfrac{\partial}{\partial t}H(x,\ y,\ z,\ t) \\[2mm]
(x,\ y,\ z) \in S,\ t > 0
\end{cases}
$$

式中　　　　　H——地下水位, m;

$K_x,\ K_y,\ K_z$——x、y、z 方向的渗透系数, m/d;

$\mu_s,\ \mu$——贮水率和给水度;

Q_i——地下水开采量或排水量, m^3/d;

$H_0(x,\ y,\ z)$——初始水位, m;

$q_e(x,\ y,\ z,\ t)$——流量边界的单位面积流量, m/d;

$\Omega,\ S,\ \Gamma_1$——渗流区域、地下水自由面、流量边界;

ε——降水入渗强度, m/d;

E_0——水面蒸发量, m/d;

H_a——地面标高, m;

$S_{\max}$——潜水最大蒸发深度, m。

C 数值模型

a 渗流区的剖分

三维模型的渗流区域剖分可采用三棱柱体或四方体进行, 本节采用三棱柱体剖分, 在水平方向利用三角网格剖分, 按照三角形网格的剖分原则, 并考虑到数值模型的目的, 在矿床附近网格密些, 在外部可疏一些, 剖分结点共 660 个、剖分单元共 1229 个（见图 4-34）。

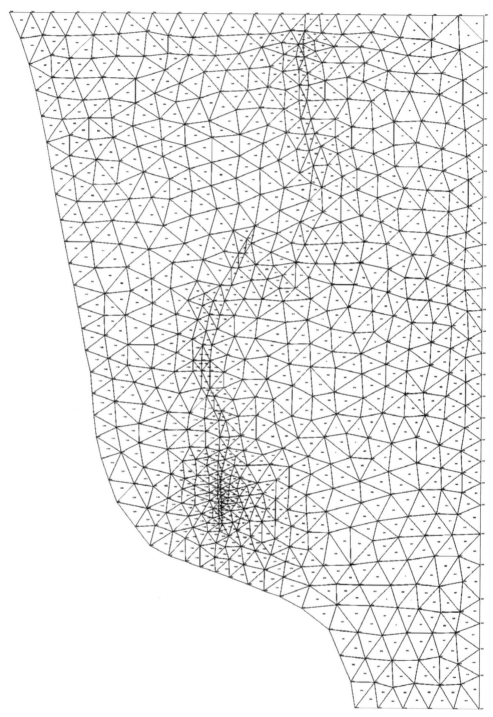

图 4-34 渗流区域平面剖分图

在垂向上剖分为 14 层，分别为：（1）潜水自由面～潜水自由面下 20m；（2）潜水自由面下 20m 至第四系底部较强透水层的顶板；（3）第四系底部较强透水层的顶板至基岩风化层的底板；（4）基岩风化层的底板至－200m；（5）－200～－250m；（6）－250～－300m；（7）－300～－350m；（8）－350～－400m；（9）400～－450m；（10）－450～－500；（11）－500～－550m；（12）－550～－600m；（13）－600～－650m；（14）－650～－700m。将渗流区剖分成 18435 个三棱柱体，每个三棱柱体可由计算机自动剖分成 3 个四面体（见图 4-35）。三维数值模型就是以四面体为基本单元进行计算的，四面体单元的结点编号如图 4-36 所示。

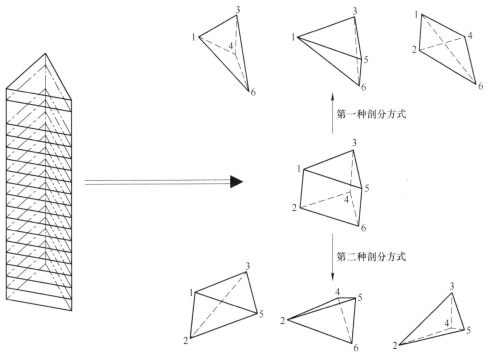

图 4-35　三棱柱体剖分方式

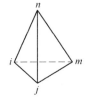

图 4-36　四面体单元示意图

b 基本方程

渗流区域剖分后，各结点上的基本方程可按照有限单元法原理来推导，推导过程略去，在这里仅给出结果，为不失一般性，以结点 i 为例给出结点 i 的基本方程：

$$\sum_{\rho=1}^{N} \frac{1}{36V_{\rho}} \left[(K_x b_i b_i + K_y c_i c_i + K_z d_i d_i) H_i^{k+1} + (K_x b_i b_j + K_y c_i c_j + K_z d_i d_j) H_j^{k+1} + \right.$$

$$\left. (K_x b_i b_m + K_y c_i c_m + K_z d_i d_m) H_m^{k+1} + (K_x b_i b_n + K_y c_i c_n + K_z d_i d_n) H_n^{k+1} \right] + \frac{1}{4} V_{\rho} Q_{\rho} +$$

$$\sum_{\rho=1}^{N} \frac{3}{5} V_{\rho} \mu_s \left(\frac{1}{6} \frac{H_i^{k+1} - H_i^k}{\Delta t} + \frac{1}{12} \frac{H_j^{k+1} - H_j^k}{\Delta t} + \frac{1}{12} \frac{H_m^{k+1} - H_m^k}{\Delta t} + \frac{1}{6} \frac{H_n^{k+1} - H_n^k}{\Delta t} \right)$$

$$= 0$$

式中　b，c，d——关于坐标的函数；

　　　V_{ρ}——第 ρ 个四面体单元的体积；

　　　N——结点 i 周围四面体单元的个数。

对于渗流区内的所有计算结点都可以形成一个上述方程，形成一个巨大的方程组。

c 模型的求解

选用超松弛（SOR）迭代方法对上述方程组进行求解，迭代方法可以在计算过程中不断修正方程的系数，以满足随着水位的变化而引起部分水文地质参数变化的特点。

d 数值模型的调试与识别

数值模型的调试与识别选用了 39 个不同深度观测孔的地下水动态资料和放水试验的地下水动态资料。

1. 利用长期地下水动态资料进行模型识别

利用地下水长期动态观测资料对模型进行调试和识别，主要对地下水主要补给来源，第四系孔隙水降雨入渗系数、蒸发强度、垂向渗透系数，第四系下部强带和基岩风化带水平方向的渗透系数，矿带的垂向渗透系数等进行识别。各种数据初值为：

（1）初始流场。2006 年初矿山开始排水，因此，以 2005 年年底的地下水流场作为模型识别的初始流场（见图 4-37）。

（2）水文地质参数。根据渗流区域各部分岩性特征、单孔抽水试验成果等，初步给出渗透系数、给水度、弹性释水系数及降水入渗系数等参数，待模型识别时再修正。

（3）潜水蒸发强度。目前，国内外大多采用柯夫达-阿维里扬诺夫的公式计算潜水蒸发强度 η：

$$\eta = E_0 \left(1 - \frac{H_a - H}{S_{max}}\right)^m \tag{4-3}$$

式中 m——无量纲指数，与土壤质地有关，一般取 1~3，本次模拟取 2。

  E_0——水面蒸发强度，按当地气象站实测资料乘以 0.625（蒸发器皿的换算系数）；

  S_{max}——潜水蒸发的极限深度，本次计算取 4m。

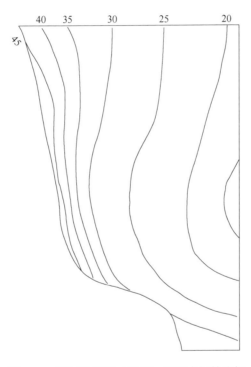

图 4-37 第四系底部（强带）地下水初始流场

（4）边界侧向补给量。根据边界外到分水岭的基岩裸露面积和平均降雨补给强度计算大概补给量，按结点所控面积分配到结点上，作为初值，待模型调节时再做修正。

（5）矿坑排水量。根据实测矿坑排水量，按出水点分配到相应结点上。

以上述各种水文地质参数初值为基础，对模型进行反演计算。让模型运行 21 个时段（时间步长选择 1 个月）记录下每个时段各观测孔所在结点的水位（或水头），以及最后时段地下水流场。若各种初值给得合理，计算得（H-t）曲线应与实测的（H-t）曲线基本拟合，最后时段的地下水流场也应与实测的地下水流场基本拟合，否则要反复调整水文地质参数、垂向补排强度、侧向补给量等不确定因素进行试算，直到动态曲线、地下水流场拟合程度满意为止。经过反复调试，上述参数均有不同程度的调整，这些参数均作为放水试验模拟的基础。

2. 利用放水试验动态资料进行模型识别

放水试验于 2007 年 9 月 20 日开始，2007 年 12 月 5 日结束，在上面模型识别的基础上，加上放水试验的排水量，时间步长取为 1 天，让模型运行 75 个时段，来拟合各观测孔的水位动态，通过相应参数的调整，使观测孔动态曲线拟合到比较满意的程度。然后再返回 2006.1.1~2007.9.20 地下水动态资料的模型识别，通过这样的多次调整，来确定数值模型的水文地质参数序列。

通过模型识别，地下水动态模拟结果如图 4-38~图 4-42 所示，地下水均衡量见表 4-4。

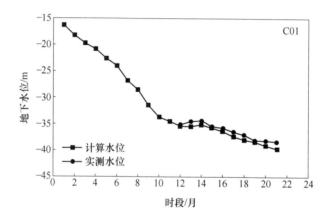

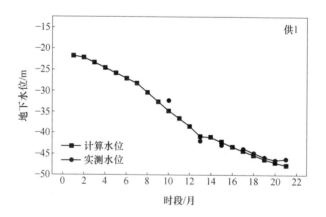

图 4-38 基岩观测孔地下水头动态模拟曲线

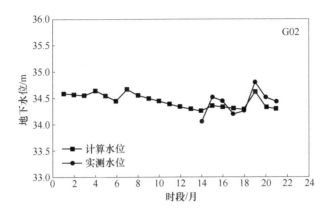

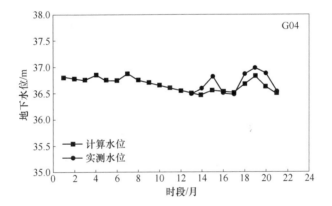

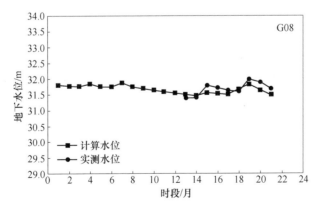

图4-39 第四系潜水自由面动态模拟曲线

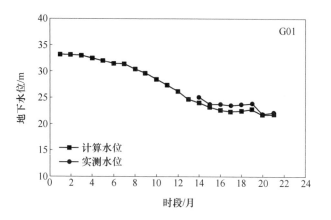

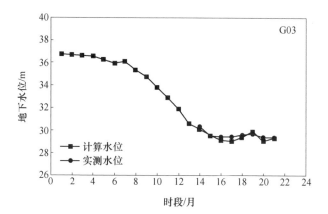

图 4-40 第四系 80m 深观测孔地下水头动态模拟曲线

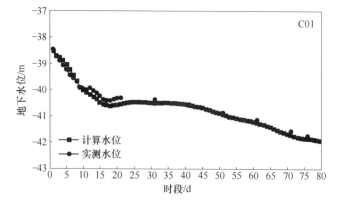

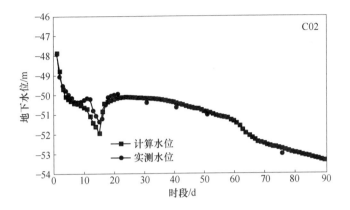

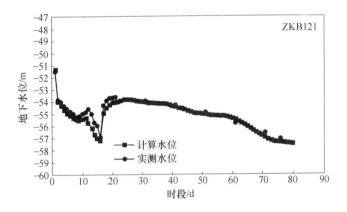

图 4-41 放水试验地下水头动态模拟曲线

表 4-4 地下水均衡量 （m³/d）

地下水补给量		地下水排泄量	
大气降水补给量	24740.15	地下水开采量	5791.78
侧向边界补给量	1570	潜水蒸发量	22515.13
合计	26310.15	合计	28306.91
地下水均衡差	1996.76		

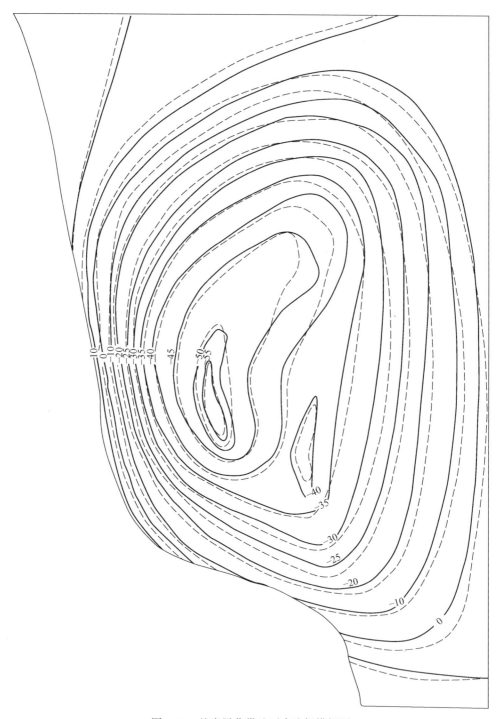

图 4-42 基岩风化带地下水流场模拟图

通过模型识别，地下水动态拟合曲线基本吻合，说明水文地质条件概化是合理的，识别后的水文地质参数是符合客观实际的（见图 4-43），利用数值模型预测矿坑涌水量是可靠的。

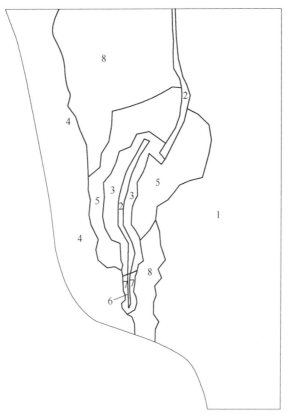

图 4-43 水文地质参数分区图

D 矿坑涌水量预测

根据矿床开采规划，矿坑涌水量预测方案设置如下：

（1）-200m 水平开采 0 勘探线~28 勘探线内，基建期 6 年；

（2）-500m 水平开采 15 勘探线~48 勘探线内，一期开采 24 年；

（3）-700m 水平开采 15 勘探线~44 勘探线内，二期开采 8 年。

其他因素的设置：

（1）降水量的设置，考虑到第四系孔隙含水系统垂向渗透非常弱，降水量的大小并不直接影响矿坑涌水量的大小，没有刻意选取降水系列，只是把近 10 年的降水量循环加入模型。

（2）边界侧向补给量按模型识别时的量相应加入。

利用识别后的数值模型对上述方案进行预测，矿坑涌水量预测结果见表 4-5，地下水流场预测如图 4-44 所示。

矿坑涌水量主要来自第四系孔隙含水层的垂向越流补给，其次为西部边界侧向补给和第四系下部强带及基岩风化带含水层的疏干。

表 4-5 矿坑涌水量预测成果表

开采水平/m	开拓期最大涌水量/m³·d⁻¹	开拓期平均涌水量/m³·d⁻¹	正常涌水量/m³·d⁻¹
-200	19398	15324	12563
-500	17696	12205	10635
-700	13366	11863	10520

从表 4-5 可以看出，矿坑涌水量逐渐减小并趋于稳定，-200m 水平开采时，矿坑涌水量相对较大，矿坑最大涌水量为 19398m³/d，开拓期矿坑涌水量平均为 15324m³/d，开采期矿坑正常涌水量为 12563m³/d；-500m 水平开采，开拓期矿坑最大涌水量为 17696m³/d，平均涌水量为 12205m³/d，开采期矿坑正常涌水量为 10635m³/d；-700m 水平开采，涌水量最小，开拓期矿坑最大涌水量为 13366m³/d，平均涌水量为 11863m³/d，开采期矿坑正常涌水量为 10520m³/d。主要原因是-200m 水平开采时，矿坑排水首先将第四系下部强带及基岩风化带含水层地下水静储量大部分疏干（见图 4-44），至-500m 水平开采前期，该含水层已基本被疏干，-700m 水平开采时，矿坑涌水量只有第四系孔隙含水层的垂向越流补给，和西部边界侧向补给，其中，第四系孔隙含水层的垂向补给约占 85%，西部边界侧向补给约占 15%。

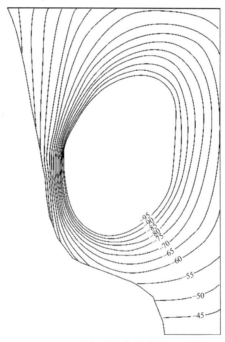

图 4-44 -200m 开采水平基岩风化带地下水流场预测

4.2.5.3　模型验证和认识深化

模型验证和认识深化如下：

（1）矿坑涌水量不随开拓深度增大而增大，-200m 水平为 $1.25×10^4 m^3/d$，-500m 水平为 $1.06×10^4 m^3/d$，-700m 水平为 $1.05×10^4 m^3/d$。

（2）由于第四系水通过越流补给矿坑水，矿坑涌水量不随降水量变化而变化。

（3）区内雨量充沛、池塘密布、水系发育，由于降水地表水源源不断入渗补给第四系水，因此，矿坑水即不能预先疏干又不能帷幕堵水，只能边采矿边排水降压，力争低压作业。

（4）矿山排水系统置于-200m 水平巷道，不必置于-700m 水平巷道，极大地节省排水费用。

（5）此后 6 年的矿山生产实践证明，实际矿坑涌水量为 $7000 m^3/d$，涌水量预测符合实际，防治水措施得当、有效。

4.2.6　矿山防治水措施

第四系水垂向越流补给为矿坑水的主要来源，由于第四系黏土、粉质黏土透水性弱，地下水垂向越流运动缓慢，并且，区内雨量充沛、池塘密布，第四系水在垂向越流补给矿坑水的同时，还源源不断地接受大气降水入渗补给和地表水体渗漏补给，因此，矿坑水不可能预先疏干[22]。

由于第四系底部薄层砾石层分布范围较大，致使矿坑排水影响范围很大（33km²），矿体及围岩构造裂隙带为矿坑水运移通道，更重要的是，该矿区矿坑涌水量不是很大，帷幕堵水将增加突水的可能性，因此，从技术可行、经济合理角度出发，也不宜采取帷幕堵水措施。

矿坑排水首先消耗地下水静储量，随着时间的推移，地下水静储量逐渐减少，矿坑排水逐渐减小，最终排水量趋于基本不变，此时矿坑排水量等于区域地下水对矿坑水的补给量，即矿坑正常涌水量。由于第四系厚大弱含水体的垂向越流补给缓慢，达到正常矿坑涌水量需要一个漫长的过程。

综上所述，该矿山生产只能采取带压作业，矿山治水总体原则是以疏为主、排水降压，边排水边采矿，力争低压作业，降低临时突水可能性。具体措施如下，供参考。

（1）逢掘必探，加大探水孔深度。目前，矿山长期排水释放了一定的水压力，基岩裂隙地下水头降低漏斗具有一定范围空间展布，但巷道上仍负担 150 多米高水头压力，还有很大的地下水静储量，因此，掘进中不可避免地出现突水事件。为防止突水危害，当掘进工作面接近被淹井巷、溶洞、含水断层、含水层或有其他透水象征时，必须坚持"有疑必探""先探后掘"的原则，即用钻机超前探明水情，并采取放水疏干措施后再掘进。

（2）矿山基建适当堵水，矿山生产不宜堵水。矿坑最大涌水量包括部分地下水静储量，巷道开拓进度的不同，最大涌水量也不一样。一般来说，开拓期越长，涌水量越趋于平稳，最大峰值就较小；开拓期越短，涌水量大小相差较大，最大峰值就比较突出。从技术、经济角度考虑，在矿山基建阶段为了坑道掘进地尽快展开，对于较大涌水的地方可适当堵水，以便使开拓期的涌水量保持平稳排放，但在矿山开采阶段不宜堵水。

（3）探水放水，排水降压。根据巷道水文地质调查，含矿带下部主要为石英镜铁矿石，挤压破碎部位裂隙发育，裂隙密集出现，多被碳酸岩盐充填，充填物多有溶蚀现象，常沿裂隙方向形成溶蚀沟槽；白云石大理岩中出现较大溶洞，富水性、透水性较强，出现突水可能性较大，出水点和滴水区主要分布在矿体范围内、矿体与岩石的接触带两侧，出水裂隙多为走向近东西向、倾向相反的"X"形裂隙，因此，近南北方向的巷道掘进中揭露出水点可能性较大，揭露出水点后进行排水降压。

（4）提高排水工程设置标高，降低排水成本。由于第四系水垂向越流补给为矿坑水的主要来源，矿体及围岩构造裂隙带为矿坑水运移通道，为降低排水成本，应于-200m开采水平设置主要长期排水工程，矿石开采采取充填法，在不影响深部采矿的情况下，可考虑部分-200m水平巷道出水点密集地段暂缓回填，如-200m水平回风巷道，排水降压。

（5）加强矿坑排水设防能力，确保开矿安全。巷道突水具有很大的不确定性和随机性，危害极大，开采矿石前，各竖井、巷道加大排水仓、增加排水设施。同时，对水文地质条件复杂或有突水淹井危险的矿井，应在井底车场周围设置防水闸门，在有突水危险的地段，如8线以北，由于处于F4、F2、F3断层结合部位，应力集中，构造裂隙可能比较发育、掘进巷道时必须在其附近设置防水闸门，方可掘进。

4.3 司家营铁矿

4.3.1 概况

司家营铁矿矿区位于河北省滦县县城东南8km，隶属河北省滦县响嘡镇、滦南县长凝镇和程庄镇管辖。矿区地理坐标：东经118°42′42″~118°45′58″；北纬39°35′20″~39°39′45″。

司家营铁矿位于滦河冲洪积扇中上部，探明铁矿资源量145868.80万吨，矿体赋存于太古界滦县群司家营组古老变质岩中，上覆分布广、厚度大的第四系砂砾卵石强含水层，属大水矿山。20世纪70年代初结合露天开采方案，矿区围绕第四系开展了大量水文地质工程地质工作，受当时开采技术的制约，一直未能开采，成为大水呆滞矿。

2009年矿山拟进行井下开采，设计生产规模2500万吨/年，采用阶段充填法进行开采，设计两个采区进行开采，一采区即田兴铁矿规模2000万吨/年，开采南矿段S6~S38线和大N6~大20线间矿体，一期首采-450m标高以上矿体，服务年限40年；二采区即大贾庄铁矿规模500万吨/年，开采南矿段S38以南和大贾庄矿段大26线以南的矿体，同样一期首采-450m标高以上矿体，服务年限29年。两矿均在二期开采-450m标高以下矿体。

由于前期的水文地质工作主要围绕第四系开展，基岩段投入工作量较少，特别是未对矿区主要断裂带进行专门研究，其透水性、富水性及对矿床开采的影响均不清楚，致使多项基建工程进展缓慢。

4.3.1.1　地质概况

矿区位于中朝准地台燕山台褶带山海关台拱的西南边缘。矿区所处区域经过了多期构造运动和变质作用，褶皱、断裂构造发育。区域出露基岩以太古界变质岩和中、上元古界沉积岩为主，岩浆岩不发育。该区是我国沉积变质铁矿主要成矿区之一。

区域地层为二元结构，基底地层由老至新为太古界、下元古界；盖层依次为中元古界，古生界，中生界，新生界第三、第四系地层。该区北部为基岩裸露区，出露地层有太古界、中上元古界、古生界、中生界，南部基本被第四系覆盖。

太古界地层主要分布在区域东北部，以滦县群为主，仅仓库营以北有少量迁西群分布；此外，在区域西北部和中部也有太古界地层零星出露。

区域上中、上元古界地层出露较齐全，但矿区附近仅见长城系大红峪组和青白口系景儿峪组。大红峪组地层与太古界变质岩呈角度不整合接触，主要岩性为（含砾）石英砂岩夹燧石岩、白云岩。景儿峪组超覆下部地层，一般表现为平行不整合，主要岩性为燧石角砾岩、石英砂岩和泥质白云岩。

古生界地层主要分布在矿区西北侧的开平向斜和北部的武山向斜中，岩性为灰岩和白云质、泥质灰岩。

中生界地层分布在本区北部的卢龙及迁安建昌营—徐流营一带的沉积盆地中，为侏罗系地层，岩性主要为火山岩、火山碎屑岩及粉砂岩、页岩等。

新生界第三系和第四系地层广泛分布。

4.3.1.2　水文地质概况

区域内含水层（组）可划分为：第四系松散岩孔隙水含水层（组）、基岩风化裂隙水含水层（组）、基岩构造裂隙水含水层（带），各含水层（组）之间均存在一定的水力联系，在北部山区，第四系覆盖物薄，基岩风化裂隙水接受大气降水补给，然后自北向南运动。在南部平原，第四系底部断续分布一层黏性土，"天窗"较多，不构成连续的相对隔水层，第四系水与基岩风化裂隙水有一定的水力联系。整个地下含水系统形似"蘑菇状"，第四系含水层和基岩风化裂隙含水层为统一的"蘑菇头"，基岩构造裂隙含水带为数个带状"蘑菇颈"，发挥贮水与输水功能。

矿区自下而上分布着 3 个含水层，即第四系松散岩孔隙水含水层、基岩风化裂隙水含水层、基岩构造裂隙水含水层。由于构造运动，在新河断裂带与西部变质辉长辉绿岩脉之间形成富水性中等至强的基岩构造裂隙含水带，该含水带沿着南矿段、大贾庄矿段呈南北向带状分布；其两翼构造不发育，裂隙不发育，含水微弱；基岩构造裂隙含水带之上为广泛分布的基岩风化裂隙含水层和第四系松散岩孔隙水含水层，上述各个含水层之间具有一定的水力联系，从而构成统一的地下含水系统。

天然状态下，第四系地下水主要接收大气降水入渗补给、地表水体渗漏补给和含水层侧向径流补给，自北向南径流排泄于区外，水力坡度平缓。基岩裂隙水主要在京山铁路以北的裸露山区接受降雨入渗补给，自北向南径流，由于基岩风化裂隙含水层渗透性较差，地下水侧向径流受阻，径流缓慢，基岩风化裂隙水托顶越流补给第四系下部中等含水层，基岩水位略高于第四系水位，为承压水，在长期的垂向交替运动后，基岩裂隙水、第四系地下水水头趋于一致。

矿坑长期排水使深部基岩构造裂隙水压力突然释放，上部风化裂隙水以空间渗流形式向排水点汇聚，形成了一定范围的地下水压力释放空间场，垂向上形成水头梯度。在垂向压力差作用下，强风化带与第四系底部黏性土首先固结压密释水，其垂向渗透系数逐渐衰减，待黏性土中水头降低波及整个黏性土厚度时，压密释水减小，越流量增加。当基岩水位降至强风化带底板时，由于黏性土顶底板水头差衡定，黏性土固结压密释水结束，矿坑水以第四系水越流量为主。

4.3.1.3 研究内容和研究方法

A 研究内容

研究内容包括：

(1) 研究基岩风化带的发育规律。基岩风化带透水性的强弱是控制第四系水进入下部基岩含水层的关键层位。其空间分布、厚度、风化程度、裂隙发育规律、岩石破碎程度、力学性质及其透水性、富水性需重点查明，它关系到矿坑涌水量的大小。

(2) 研究断层及基岩构造裂隙发育规律。矿区断裂构造发育，基岩构造裂隙带为矿床充水通道，通道是否畅通需要着重查明。对断裂的规模、岩体破碎程度、断裂带的透水性、富水性和导水性需进行深入研究。

（3）研究矿床地下水运动规律。不但研究天然状态下地下水的补给、径流、排泄条件，更要深入研究开采条件下地下水运动规律。结合水文、气象资料，用系统的、长系列的、统一的观点分析研究各含水层之间的水力联系及地下水与地表水之间的相互转化关系，为论证和预测矿坑涌水量提供基础资料。

（4）矿坑涌水量预测研究。在查清矿区含水层及水文地质边界条件的基础上，对矿区地下含水系统进行科学合理的概化从而建立水文地质模型和数学模型。选择切合实际的计算参数，结合矿山开采方案，预测出不同时间、不同开采中段的最大、正常矿坑涌水量，并提出矿山防治水建议。

B　研究方法

研究方法有：

（1）基岩风化带研究。在研究以往地质钻孔资料的基础上，结合矿体及井巷系统的分布，结合该矿区的水文地质工程地质孔，通过钻孔编录、抽水试验、水文测井、简易水文地质观测、井内测试、岩石点荷载试验等资料，查明风化带空间分布规律及其透水性、富水性，研究风化裂隙发育规律。

（2）断层破碎带的研究。根据地面物探结果，查明断层及构造破碎带的水文地质特征。最后通过多孔抽水试验资料，分析各断层破碎带的导水性、富水性及其与第四系水间的水力联系。

（3）矿区地下水运动规律研究。在开采条件下，矿区地下水运动应以垂向运动为主，因此，应建立三维空间观测系统以研究地下水运动规律，通过群孔抽水试验，给区内地下水以强烈震动，查明各含水层之间的水力联系，研究开采条件下地下水运动规律。

（4）矿坑涌水量预测研究。在查明矿区水文地质条件的基础上，对地下含水系统、地下水流动系统及边界条件进行合理概化，建立三维渗流数学模型，采用矩形网格对渗流场进行剖分，利用 Visual MODFLOW 软件对模型进行求解，利用基建矿山长期排水资料、巷道放水试验资料、群孔抽水试验资料、地下水动态资料对模型进行识别、调试和验证，最后结合矿山开采方案，预测不同开采水平的最大和正常矿坑涌水量。

4.3.2　水文系统分析

4.3.2.1　地形地貌

A　地形

矿区位于京山铁路以南的山前倾斜平原区，地处滦河冲洪积扇一级阶地中上部，区内地形开阔平坦，地势北高南低，坡降 0.7‰~0.8‰，滦河一级阶地台面北窄南宽，呈"扇形"展布，司家营一带东西宽 18km，长凝一线东西宽 23km。矿区西北最高点为岩山，山顶海拔标高 173.60m，东北部的最高点为龙山，山顶海拔标高 142.10m，两山之间相距 5000 余米，为滦河进入矿区的重要咽喉通道。矿区东西两侧的二级阶地前缘清晰，蜿蜒南去，二级阶地高出一级阶地台面 5~12m。

B 地貌

区域地貌属燕山南麓山前倾斜平原，总体地势东北高，西南低。京山铁路以北为低山丘陵区，东北部山峰标高多在 150~350m，构成本区分水岭；以南为广阔的山前倾斜平原，地形较平坦，地面标高 10~45m，向南缓倾，由于地形变缓，滦河流速大减，造成大量泥砂在山前堆积，形成厚度可观的新生界沉积物，建造了极为广阔的两级阶地及河漫滩。

4.3.2.2 气象水文

该区属暖温带半湿润大陆性季风气候区，四季分明，春季干燥少雨，夏季炎热多雨，秋季温和宜人，冬季干燥寒冷。据滦县气象站资料，区内历年平均气温 10.8℃ 左右（1929 年 1 月~2013 年 7 月），最高 39.9℃（1961 年 6 月 10 日），最低 -23.1℃（1978 年 12 月 29 日）。冰冻期为每年的 12 月至次年的 3 月，冰厚 0.30~0.50m；冻土期为 11 月下旬至次年 3 月，最大冻土深度为 0.87m。初霜期在每年的 10 月中旬，终霜期至次年 4 月，全年无霜期 176~194 天。历年平均降水量为 659.30mm（1954~2012 年），降水量年际分布不均，年最大降水量 1156.5mm（1967 年），年最小降水量 293.6 mm（1941 年）。降水量年内分布不均，降水集中于每年的 6~9 月，占全年降水量的 80% 以上，多暴雨，每年的 1 月、2 月几乎无降水，多干旱。区内多年平均蒸发量 1681.4mm，蒸发量大于降水量（见图 4-45 和图 4-46）。

该区河流主要有滦河、新滦河、溯河、狗屎河、小清河，均属滦河水系。

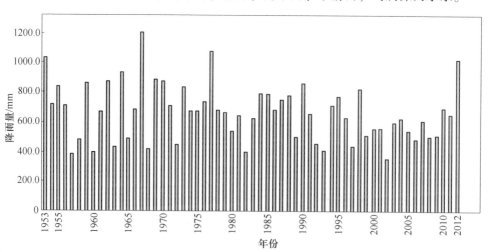

图 4-45 多年平均降水量直方图

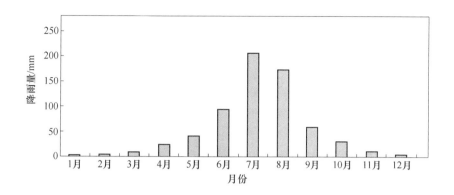

图 4-46 多年月平均降水量直方图（1954~2012 年）

滦河为冀东最大河流，由西北向东南在矿区东侧通过，全长 885km，汇水面积 44600km²。滦河多年平均径流量为 4.654×10⁹m³/a（1929~1979 年），引滦入津、入唐以后，滦河流量发生了明显变化，滦河多年平均实测径流量为 2.25147×10⁹m³/a，年平均水位 21.61m，汛期最高水位 26.38m（1984 年 8 月 1 日），最低水位 20.96m（1998 年 4 月 13 日），最大流量 9200m³/s（1994 年），最小流量 0.225m³/s（2001 年）。

4.3.3 地下水系统特征

4.3.3.1 地下水含水系统

区域内含水层（组）可划分为：第四系松散岩孔隙水含水层（组）、基岩风化裂隙水含水层（组）、基岩构造裂隙水含水层（带），各含水层分布及其水文地质特征如下：

（1）第四系松散岩孔隙水含水层（组）。广泛分布于山前倾斜平原滦河冲洪积扇中，由多个砂砾卵石层构成，内部有数个黏性土层断续分布，砂砾卵石层与黏性土层在垂向上相互叠置、犬牙交错，平面断续展布、相互取代，黏性土层分布不稳定，厚度变化大，"天窗"较多。该含水层（组）在平面及垂向上透水性、富水性分布不均一。

垂向上中部为数个黏性土层构成的相对隔水层，但其层位和厚度变化很大，横向相变剧烈，在不少地段尖灭缺失，形成"天窗"，上下两含水层构成统一的地下含水系统。

（2）基岩风化裂隙水含水层（组）。该含水层（组）主要由寒武系、奥陶系石灰岩，长城系石英砂岩、白云岩和太古界滦县群司家营组混合岩、混合花岗岩、黑云变粒岩组成。

寒武系、奥陶系风化裂隙水含水层主要分布于京山铁路以北的基岩裸露区，透水性、富水性极不均一，渗透系数为 2.39~15.58m/d，富水程度中等（I$_1$）。

长城系和太古界基岩风化裂隙水主要分布于京山铁路以南，其中长城系风化裂隙水含水层主要分布于矿区北部基岩山区，含水层一般出露地表，渗透系数为 0.03~7.10m/d，富水程度较弱（I$_2$），透水性、富水性极不均一。

（3）基岩构造裂隙水含水层（带）。赋存于基岩断层及构造破碎带中，沿断层及其两翼呈带状分布，一般隐覆于基岩风化带之下，厚度呈几米至上百米不等，含水层单位涌水量一般 0.001~3.76L/（s·m），渗透系数 0.05~5.52m/d，透水性、富水性极不均一。主要因为区域范围内断层多数具压扭性质，断层带含较多断层泥和糜棱岩化，含水微弱，而断层影响带裂隙发育，含水较强。

上述各含水层（组）之间均存在一定的水力联系，在北部山区，第四系覆盖物薄，基岩风化裂隙水接受大气降水补给，然后自北向南运动。在南部平原，第四系底部断续分布一层黏性土，"天窗"较多，不构成连续的相对隔水层，第四系水与基岩风化裂隙水有一定的水力联系。整个地下含水系统形似"蘑菇状"，第四系含水层和基岩风化裂隙含水层为统一的"蘑菇头"，基岩构造裂隙含水带为数个带状"蘑菇颈"，发挥贮水与输水功能。

4.3.3.2 地下水流动系统特征

A 补给条件

区内地下水主要补给方式有大气降水入渗补给、山前侧向径流补给、地表水体渗漏补给和农田灌溉回渗补给。

B 径流条件

地下水总体径流方向由北向南运动。受地形、地貌、河流及地层岩性的影响，不同地段地下水流场有所不同。

C 排泄条件

第四系地下水的排泄方式主要有人工开采、侧向流出、滦河流出等。

该区基岩出露较少，风化裂隙水水量不大，且流程短。雨季时多以下降泉的形式溢出地表，一部分补给河流，另一部分托顶越流补给第四系地下水。此外，区内已采矿山排水成了基岩地下水主要排泄项之一。

4.3.3.3 地下水动态变化特征

A 地下水位多年动态变化规律

区内地下水动态总体规律为：第四系浅层水多年动态变化不大，第四系深层水和基岩裂隙水水位逐年下降。

B 地下水位年内动态变化规律

根据地下水位动态差异及分布规律，并结合水文地质条件及影响因素，将该区分为三种地下水位动态类型，第四系上部强含水层属于河流渗漏-开采型和降水入渗-开采型；下部中等含水层属侧向径流-开采型。

4.3.4 矿床充水特征分析

4.3.4.1 矿区地质概况

A 地层

矿区内除李兴庄村东狗头山及村北分布有不足几百平方米的太古界基岩及铁矿露头外,其余地段均被第四系所覆盖。矿区下伏基岩地层属上太古界滦县群司家营组,由一套变质程度较浅、颗粒较细的黑云变粒岩和磁铁石英岩建造组成,混合岩化作用普遍。

a 第四系

第四系(Q)分布全区,北薄南厚,一般厚度为 50.07~252.30m,为滦河冲洪积物。主要由黏土、粉土、粉质黏土、砂层、砾卵石层及淤泥质粉土组成。其中砂砾卵石层分布范围广,厚度大且稳定,现自老至新分述如下。

(1) 中更新统上段(Q_2^2)。该段地层广泛覆盖于基岩之上,矿区北部薄,南部厚,主要岩性为黏土、粉质黏土、粉土。结构复杂,地层数量不一,单层厚度相差较大。砂性土和黏性土在垂向上相互叠置、犬牙交错。平面断续展布、相互取代。但是,该层顶板比较稳定,起伏不大,宏观上本段分为上、中、下三段。上部黏性土段(第四系主隔层),中部砂性土段,下部黏性土段。

(2) 上更新统下段(Q_3^1)。该段分布全区,顶板埋深 15~30m,标高 +5~−5m,全区平均厚度 46.00m,岩性以砂砾卵石层为主,砾卵石分选性差,磨圆度好,粒径一般 2~7cm,大者可达 10cm,砂粒为中粗砂。砂砾卵石间穿插数层不连续的粉质黏土、粉土层,黏性土层将砂砾卵石层分割为第二卵石层、第三卵石层。

(3) 全新统中段(Q_4^2)。该段广泛分布于滦河一级阶地范围内,底板直接覆盖于上更新统下段顶部,顶板埋深 3~8m,标高 12~17m,全区平均厚度 14.279m,岩性以砂砾卵石为主(第一卵石层),局部夹有淤泥质粉质黏土和淤泥质粉土。砾卵石磨圆度较好,分选性差,砾卵石含量大于 50%,粒径一般 1~3cm,大者 4~5cm,全层结构松散,泥质含量较少。

(4) 全新统上段(Q_4^3)。该段出露于矿区一级阶地地表浅部,为河床相及漫滩沼泽相沉积,北部薄,南部稍厚,平均厚度 6.8m,岩性为粉细砂、中细砂、粉质黏土、粉土及淤泥质粉质黏土等,在滦河河床及河漫滩地区,有砂砾卵石分布。

b 太古界滦县群司家营组(Ar_2s)

第四系下伏滦县群司家营组,由一套变质程度较浅、颗粒较细的黑云变粒岩和磁铁石英岩建造组成,混合岩化作用普遍。司家营组以云母石英岩为标志层可划分为一、二段:

（1）司家营组一段（Ar_2s^1）。以黑云变粒岩为主，夹斜长角闪岩和角闪变粒岩薄层，偶夹石榴黑云变粒岩，上部夹薄层磁铁石英岩。该层位于矿区主要铁矿层下部。

（2）司家营组二段（Ar_2s^2）。底部为云母石英岩，下部以薄层黑云变粒岩与薄层磁铁石英岩互层为主，局部地段夹绿泥磁铁石英岩及角闪绿泥片岩；中部为磁铁石英岩，夹黑云变粒岩、钾长变粒岩及斜长角闪岩、角闪变粒岩、角闪岩、角闪绿泥片岩等；上部为黑云变粒岩，为矿区铁矿体赋存层位。

B　矿区构造

该区位于司马复向斜次一级构造带——司家营复向斜中，基岩构造形态以褶皱为主，断裂次之。

a　褶皱构造

矿区褶皱构造主要有二期，一期为近南北向紧密同斜褶皱，二期为近东西向舒缓褶皱。

b　断裂构造

矿区 F9、F10、F11、F12、F13 断层对大贾庄矿段北部破坏较大，导致大贾庄矿段北部矿体连续性较差，展布零乱。新河断裂规模大，呈近南北向展布，其倾向与南矿段矿体倾向相反，南矿段矿体未遭到错动，连续性较好，但新河断裂衍生的次一级构造破碎带、裂隙带在南矿段中普遍存在，矿体及围岩完整性整体较差，构造裂隙发育，透水性、富水性较强。总之，矿区断层及其影响带对矿体及其围岩破坏较大，在南矿段、大贾庄贾矿段间构成一条近南北展布，北宽南窄，上宽下窄的基岩构造裂隙带，该带为矿区基岩裂隙水的主要赋存场所和运动通道，为矿床充水的主要充水通道。

矿区内未见大的侵入体，伟晶岩脉、变质辉长辉绿岩脉普遍发育。

4.3.4.2　矿床充水因素分析

A　地下含水系统特征

根据矿区含水层结构、构造特征、岩性差异、风化程度及透水性强弱，自上而下，将矿区含水层分为 3 个含水层（组），即第四系松散岩孔隙水含水层（组）、基岩风化裂隙水含水层（组）、基岩构造裂隙水含水层（带）。

a　第四系松散岩孔隙水含水层（组）

岩性以砂砾卵石、砂、黏性土和各类砂土、碎石土为主，其空间分布规律是：北薄南厚，北浅南深，矿体附近薄，埋深浅，矿体两侧厚，埋深大。含水层透水性强、富水性好，且与滦河水力联系密切，根据其颗粒大小及其透水性、富水性强弱分为上部强含水层、中部主隔层、下部中等含水层、底部相对隔水层，现分述如下。

（1）上部强含水层：

1）该含水层主要分布于一级阶地区，由全新统中段（Q_4^2）和上更新统下段（Q_3^1）砂砾卵石构成（见图 4-47）。

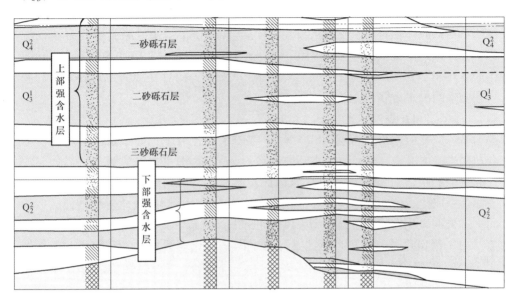

图 4-47 矿区第四系含水层垂向分布略图

2）该含水层一般厚度 50~60m，本区 3 个砂砾卵石层在大王庄—北小王庄—吕甸以北合为一体，总厚度为 26.40~32.50m，渗透系数一般 450.00~680.00m/d，局部可达 1000m/d。整之，该含水层具有分布广、厚度大、透水性强和水量丰富等特征。

（2）中部主隔层。第三砂砾卵石层之下，属中更新统上段（Q_2^2）的顶板，厚度一般为 5~8m，最大 15m，为第四系"主隔层"，受其控制影响，不同程度减弱了第四系上部强含水层与下部中等含水层间的水力联系。

（3）下部中等含水层。该含水层处于主隔层以下，除 S6 线以北基岩山区缺失外，分布尚稳定，主要以中更新统上段（Q_2^2）中细砂、含角砾砂土、含碎石角砾砂土及卵石角砾砂土为主，该含水层不但岩性变化较大，而且厚度也相差悬殊，透水性不太均一，由于该层内黏性土层分布较多，相变较大，连续性较差，使该层内含水层之间产生直接或间接水力联系。

上带以中粗砂、中细砂为主，泥质含量低，厚度为 10~30m，渗透系数为 38.60~144.20m/d。

下带以粉细砂、含角砾砂土、弱胶结砂土为主，一般厚度为 20~30m，最大可达 60m，透水性弱于上带，渗数系数为 8.84~52.10m/d，富水性中等。

（4）底部相对隔水层。底部相对隔水层分布于基岩面之上，岩性以砂质黏土、含角砾碎石质黏土、粉质黏土、淤泥质黏土、黏土、粉土为主，厚度一般为0~93.00m，平均厚度为12.94m，空间分布极不均一，总体规律是：北薄南厚，东薄西厚，南部长宁一带厚度达上百米，北部S6线以北于基岩山边尖灭。

第四系底部相对隔水层透水性差，根据第四系底部黏性土层原状土样室内渗透试验，垂向渗透系数为$3.06 \times 10^{-5} \sim 2.93 \times 10^{-4}$m/d，平均$9.40 \times 10^{-5}$m/d，孔隙比为0.6~0.9，含水率为21.3%~30.6%。"天窗"的存在加强了第四系水与基岩裂隙水间的水力联系。

b 基岩风化裂隙水含水层（组）

基岩风化裂隙水含水层（组）位于第四系底板以下，分布全区，岩性以混合花岗岩、混合岩、变粒岩为主，厚度较稳定，连续性较好，大致呈底界面有较大起伏的层状结构，S6线以北基岩山区出露地表，以南隐覆于第四系之下。在平面上，风化带分布及厚度主要受控于古地形、构造、岩性及原岩结构面。在垂向上，依据风化程度，可划分为强风化带和弱风化带，其特征分述如下。

（1）强风化带。直接与第四系接触，由全风化与强风化岩石构成，底板埋深64.89~271.57m。强风化层岩芯多呈块状、碎块状、碎屑状，风化裂隙多被泥质、钙质、砂质连续充填，透水性、富水性差，钻进过程一般不漏水，钻孔单位涌水量为0.00013~0.0304L/（s·m），渗透系数为0.0004~0.094m/d。

基岩强风化带的空间分布及水文地质特征与矿区古地形、构造、岩性有很大关系，主要表现在：1）强风化带在矿区北部埋深浅，南部埋深大；2）矿头位置强风化带埋深浅、厚度小，两侧埋深大、厚度大，且矿头位置强风化带透水性、富水性较两侧稍强；3）断层带附近，强风化带厚度大，透水性、富水性稍强，亦反之。

同样，通过分析马城矿区及其余附近矿山强风化带资料，其带空间分布及其水文地质特征均符合以上规律。

（2）弱风化带。位于强风化带底板以下，由中等风化岩石组成，底板埋深一般为68.99~286.57m。弱风化带空间分布规律与强风化带基本一致，自北往南埋深逐渐加深，矿头位置厚度普遍较薄，两侧围岩厚度大，断层带附近厚度大。

弱风化带透水性、富水性主要受控于矿区断裂构造，构造不发育地段，钻孔单位涌水量介于0.0126~0.0286L/（s·m），渗透系数为0.0377~0.2808m/d；大N2线~大20线及南矿段东侧构造发育，这些地段因构造活动破坏了弱风化带原有结构，在风化与构造共同作用下，弱风化带透水性、富水性较强，单位涌水量为0.0664~0.183L/（s·m），最大达3.125L/（s·m），渗透系数为0.3737~0.6534m/d，最大22.42m/d。弱风化带为风化裂隙水的主要赋存部位。

c 基岩构造裂隙水含水层（带）

下伏于风化带之下，由断层及其影响带构成，包括破碎带、蚀变带、裂隙带，其平面分布及垂向延伸严格受断层控制。矿区地处司马复向斜构造带中，断裂构造发育，主要有 F9、F10、F11、F12、F13、新河断裂，断裂活动所形成的构造破碎含水带在矿床范围内普遍存在，平面上沿断裂构造走向呈带状分布于南矿段、大贾庄矿段范围内（见图 4-48）。

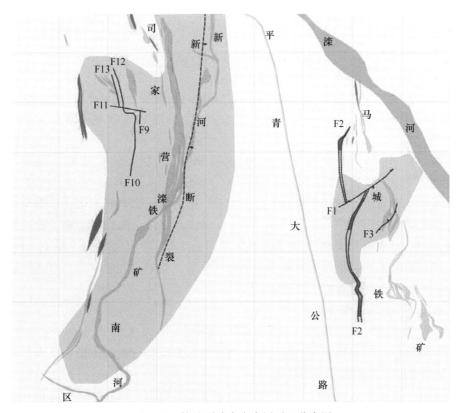

图 4-48　构造裂隙水含水层平面分布图

由于断层规模、性质及各断层间的组合关系不同，构造裂隙水含水层空间分布及其透水性、富水性极不均一。

F9 断层延伸长约 300m，含水较强。构造裂隙水含水层单位涌水量为 0.5366L/(s·m)，渗透系数为 0.7937m/d，属中等富水性含水层。

F10 断层全长约 1200m，含水微弱，但距断层两侧一定距离的影响带含水较强。断层影响带透水性、富水性远强于断层本身，属中等富水性含水层。

F11 断层长约 600m，断层本身及其影响带透水性、富水性均较强。垂向上富水性逐渐减弱，属中等至强富水性含水层。

F12断层延长约900m，断层本身含水微弱。

F13长约600余米，该断层构造裂隙较发育，具绿泥石化，破碎带厚度2～10m，其水文地质特征与F12相似。

以上5条断层集中分布于大N2线至大20线间，断层互为影响，在该地段形成了较大范围的断层复合影响带。该地带各断层关联性较强，互为沟通，基岩地下水压力传导快，补给不足的水文地质特征，主要原因是第四系底部黏性土及强风化带弱透水层很大程度减弱了第四系水与断层破碎带间水力联系。

新河断裂带位于南矿段东侧，工程控制段长约4459m，该断层沿走向透水性、富水性不均一，S34线以北即断层北部，渗透系数为0.69～1.74m/d，属强富水性含水层；S34线～S50线即断层中部，渗透系数为0.11～2.36m/d，属中等富水性含水层；S50线以南即断层南部，渗透系数为2.597～2.923m/d，属强富水性含水层。据多个钻孔分段抽水资料，该断层在垂向上富水性有减弱的趋势。

新河断裂带以东及矿床西部变质辉长岩脉以西，除马城矿区3-24线发育有断层外，其余地段风化带以下基岩较完整，渗透系数为0.0441～0.0659m/d。

上述各含水层之间存在一定的水力联系，第四系松散岩孔隙水含水层与基岩风化裂隙水含水层之间虽有黏性土、粉土、砂土层断续分布，但不构成连续的相对隔水层，可通过"天窗"或第四系底部弱透水层发生水力联系；矿区断裂构造发育，断层附近风化作用与构造作用相互叠加，基岩风化裂隙含水层与构造裂隙水含水带水力联系较密切。

B 地下含水系统平面特征

矿区地处滦河冲洪积扇中上部，矿床顶部沉积了厚大的第四系砂砾卵石层、卵石、砾石、砂层等松散层，与滦河、新滦河水力联系密切，为极强富水区，降深5m时单井出水量大于10000m³/d。

第四系之下为太古界滦县群司家营组古老变质岩，矿区地质构造复杂，基岩富水程度主要受构造所控制，基岩裂隙含水层富水程度分为3个区，即基岩裂隙强富水区、基岩裂隙中等富水区、基岩裂隙弱富水区（见图4-49）。

富水性可分为：

(1) 强富水区（Ⅰ）——$1.0L/(s \cdot m) < q \leqslant 5.0L/(s \cdot m)$；

(2) 中等富水区（Ⅱ）——$0.1L/(s \cdot m) < q \leqslant 1.0L/(s \cdot m)$；

(3) 弱富水区（Ⅲ）——$q \leqslant 0.1L/(s \cdot m)$。

a 基岩裂隙水强富水区（Ⅰ）

基岩裂隙水强富水区（Ⅰ）主要分布在3个地段：F9～F13多条断层复合部位、新河断裂北部和南端。

(1) F9～F13多条断层复合部位强富水区，面积0.71km²，为F9、F10、

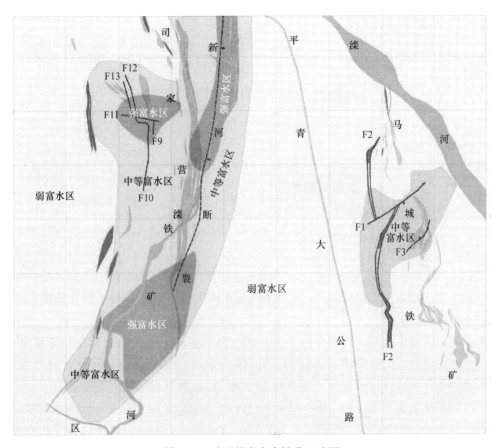

图 4-49 矿区基岩富水性分区略图

F11、F12、F13 多条断层复合部位，断裂构造发育。该区基岩地下水径流条件好，透水性较强，与其余地段的构造裂隙水含水带互为涌通。据钻孔单位涌水量为 1.1376～1.2999L/(s·m)。

（2）新河断裂北部强富水区，呈带状沿断层走向分布于南矿段东侧，面积为 1.48km²。据钻孔单位涌水量为 2.1279～3.120L/(s·m)。

（3）新河断裂南端强富水区，分布于南大孟庄、大高庄一带，面积为 2.3km²，为新河断裂影响带。该区基岩地下水径流条件好、压力传导快，透水性、富水性强。

b 基岩中等富水区（Ⅱ）

受断裂构造控制，沿南矿段、大贾庄矿段呈南北向带状分布于新河断裂带与西部变质辉长岩脉之间，面积为 11.74km²，平面上北部宽、南部窄。垂向上浅部宽，深部变窄，主要集中于-450m 标高以上，新河断裂附近超过-450m 标高。单位涌水量一般在 0.101～0.930L/(s·m)。

矿区基岩透水性较强，地下水径流条件较好，但补给不足的水文地质特征，矿区基岩强富水区、中等富水区为矿床基岩地下水的主要赋存场所和运移通道，为矿床充水的主要通道。

c　基岩裂隙弱富水区（Ⅲ）

基岩裂隙弱富水区主要分布于矿区外围，平面上，东、西、南三面呈 U 形围绕在矿区中等富水区三面。单位涌水量为 0.0058~0.0137L/(s·m)，渗透系数为 0.0441~0.0659m/d，该区除弱风化带含弱裂隙水外，弱风化带之下基岩较完整，透水性很弱。

C　地下含水系统垂向特征

第四系上部强含水层以砂砾卵为主，透水性、富水性极强；下部中等含水层以各类砂土和细砂为主，透水性、富水性明显弱于上部强含水层，两者间分布有连续性较好的相对隔水层，厚度 5~8m，第四系含水层表现为上强下弱的特点。第四系之下为古老变质岩风化裂隙含水层，其透水性、富水性较差，总体特点是上弱下强，即强风化带透水性、富水性弱于弱风化带，弱风化带为风化裂隙水的主要赋存部位。

风化带之下为基岩构造裂隙水含水层，其层在垂向上的变化规律较为复杂。但总的来说，基岩浅部破碎范围大，透水性、富水性较强，深部有合拢之趋势，且透水性、富水性逐渐减弱，浅部和深部没有明显的分界，呈渐变过程。

据多条物探剖面显示，剖面上常见主干断层向上近对称的分支，在弯曲部位产生拉伸区，向上撒开的分支次一级构造，显示基岩浅部破碎范围大，深部逐渐变窄，构成下窄上宽的貌似"花朵"的构造破碎带（见图4-50）。构造裂隙水含水层在垂向上透水性、富水性差异较大，一般是基岩浅部含水强，深部减弱。

综上所述，矿区自下而上分布着 3 个含水层，即第四系松散岩孔隙水含水层、基岩风化裂隙水含水层、基岩构造裂隙水含水层。由于构造运动，在新河断裂带与西部变质辉长辉绿岩脉之间形成富水性中等至强的基岩构造裂隙含水带，该含水带沿着南矿段、大贾庄矿段呈南北向带状分布；其两翼构造不发育，裂隙不发育，含水微弱；基岩构造裂隙含水带之上为广泛分布的基岩风化裂隙含水层和第四系松散岩孔隙水含水层，上述各个含水层之间具有一定的水力联系，从而构成统一的地下含水系统。该地下含水系统形似"蘑菇状"，第四系松散岩孔隙水含水层和基岩风化裂隙含水层形似"蘑菇头"广泛分布全区，为矿床充水水源；基岩构造裂隙含水带形似"蘑菇茎"呈南北向带状展布，为矿床充水通道。基岩构造带之上的强风化带和第四系底部黏性土构成弱含水层，减弱了第四系水与基岩裂隙水间的水力联系，其空间分布及其透水性是影响矿床充水的主要因素。

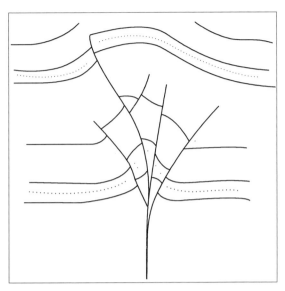

图 4-50 矿区断裂构造垂向示意图

4.3.4.3 地下流动系统特征

A 天然条件下地下水运动规律

天然状态下，矿区地下水补给、径流、排泄条件与区域地下水补给、径流、排泄相似。第四系地下水主要接收大气降水入渗补给、地表水体渗漏补给和含水层侧向径流补给，自北向南径流排泄于区外，水力坡度平缓。基岩裂隙水主要在京山铁路以北的裸露山区接受降雨入渗补给，自北向南径流，由于基岩风化裂隙含水层渗透性较差，地下水侧向径流受阻，径流缓慢，基岩风化裂隙水托顶越流补给第四系下部中等含水层，基岩水位略高于第四系水位，为承压水，在长期的垂向交替运动后，基岩裂隙水、第四系地下水水头趋于一致。

B 开采条件下地下水运动规律

2007 年以来，司家营一带多个矿山的相继投产，矿坑长期排水致使矿区一带地下水位整体下降。由于巷道置于基岩深部，矿坑长期排水使深部基岩构造裂隙水压力突然释放，上部风化裂隙水以空间渗流形式向排水点汇聚，形成了一定范围的地下水压力释放空间场，垂向上形成水头梯度。在垂向压力差作用下，强风化带与第四系底部黏性土首先固结压密释水，其垂向渗透系数逐渐衰减，待黏性土中水头降低波及整个黏性土厚度时，压密释水减小，越流量增加。当基岩水位降至强风化带底板时，由于黏性土顶底板水头差衡定，黏性土固结压密释水结束，矿坑水以第四系水越流量为主（见图 4-51）。

不管是黏性土压密释水，还是第四系水越流，这部分水均以垂向面状补给基岩弱风化带，然后通过构造破碎带进入矿坑，第四系水为矿床充水最终水源，基

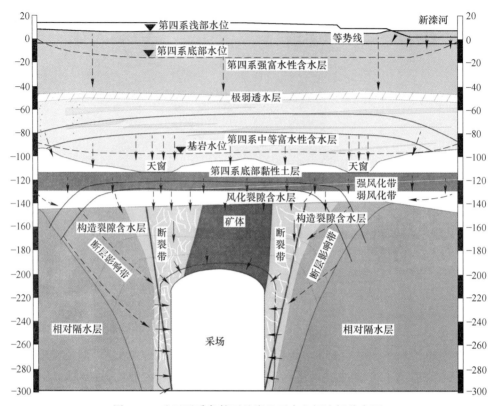

图 4-51　矿区开采条件下基岩地下水空间流场分布图

岩构造裂隙带为矿床充水主要通道，构造裂隙带之上强风化带和第四系底部黏性土是联系水源与通道的"枢纽"，是影响矿坑涌水量的主要因素。目前，矿坑长期排水及群孔抽水试验所形成的地下水空间流场充分反映该规律，主要表现以下几方面：

（1）平面上，四周基岩裂隙水汇集于排泄点。

2010 年前后，矿区各井巷工程也陆续进入基岩并开始排水，至此次群孔抽水试验前，矿坑排水近 3 年，排水量约为 $44128m^3/d$，形成一个具有较大降深和一定空间分布的地下水空间流场，排水点附近基岩地下水头下降了 $70.0 \sim 80.0m$，矿区基岩地下水头普遍下降了 $10.0 \sim 30.0m$，引起矿床周围基岩地下水向矿区排泄点汇集（见图 4-52）。矿区基岩含水层呈地下水压力传导快，漏斗扩展远，补给强度不足的水文地质特征。

（2）垂向上，不同深度地下水头梯度已形成。矿坑长期排水已引起大面积基岩裂隙水压力释放，基岩水位大幅下降，同时波及第四系底部水头下降，基岩含水层与第四系含水层在垂向上存在很大的梯度差。

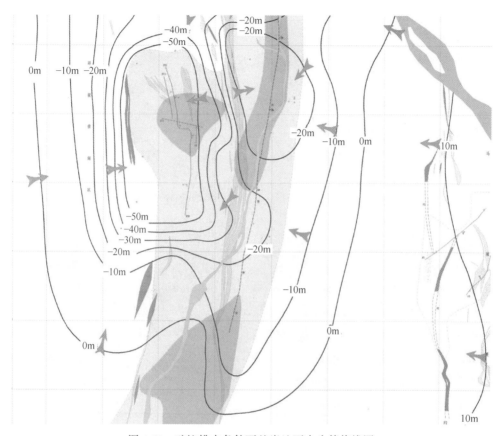

图 4-52 矿坑排水条件下基岩地下水头等值线图

这种典型的垂向梯度空间流场表明,第四系底部黏性土层及强风化带很大程度上减弱了第四系水与基岩含水层间的水力联系,第四系水以垂向越流的形式通过其底部黏性土层和强风化带补给基岩裂隙含水层,并且补给强度明显小于目前的排泄量。矿区基岩地下水在近排泄点附近一般以垂向运动为主,远离排泄点既有水平运动,又有垂向运动。

(3)第四系底部黏性土、强风化带空间分布对地下水空间流场的影响。前已述及,矿区第四系底部黏性土层与基岩裂隙水间的水力联系,但矿区第四系底部黏性土局部缺失,形成数个"天窗","天窗"的存在使第四系水进入基岩含水层的两个阻隔层变成了一个阻隔层。第四系底部地下水可通过该"天窗"补给下覆基岩弱风化带,并以侧向运动方式汇集于矿区排泄点,该地段第四系底部地下水压力降低最多,漏斗中心位于离排泄点较远的S62线附近。此种现象在矿坑长期排水、抽水试验所形成的第四系底部地下水流场表现明显,如图 4-53 所示。

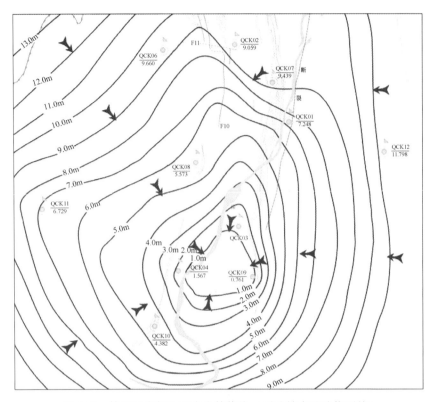

图 4-53　第四系底部地下水头等值线（群孔抽水试验停泵前）

（4）第四系底部黏性土及其下强风化带黏性土压密释水与越流补给。据矿坑长期排水及群孔抽水试验资料发现，矿坑排水突然增加时，基岩与第四系底部含水层间形成梯度差，第四系底部地下水并不迅速下降，如大贾庄回风井巷道放水试验，群孔抽水试验时，大井旁边管外孔 GK04 基岩水位迅速下降，2min 后降深 1.37m，1h 后降深 3.38m，其旁边第四系底部观测孔水位 26h 后才开始缓慢下降，其余第四系底部观测孔水位下降同样滞后于基岩水位。

此种现象说明，第四系底部黏土层和强风化带在矿坑排水初期主要体现为固结压密释水，第四系水越流占极小部分，还不足以引起第四系底部地下水下降，待基岩水位下降速率减小，第四系底部黏土层与强风化带组合体顶底面水头差趋于相对平衡状态，黏性土固结压密释水结束，第四系水越流占主导因素，第四系底部地下水下降幅度增大。

4.3.4.4　地下水动态特征

A　多年动态变化特征

矿区总体规律为第四系浅层水位为阶梯状下降，第四系深层水和基岩裂隙水呈现连年下降的趋势。

第四系浅层水动态特征主要为降水-开采型和河流入渗-开采型，2003～2011年，区内地下水开采量、滦河径流量等水文因素变化不大，区内第四系浅层水位变化不大。

第四系深层水和基岩裂隙水动态特征主要为侧向径流-开采型。随着国民经济发展，第四系浅层水受到一定污染，第四系深层水开采量逐年增大；2007年之后矿山相继开始建设，矿山排水成为基岩裂隙水的主要排泄项，至2013年的近6年时间内，矿区基岩水位普遍下降了10～30m，局部地段达76m，下降速率为2～5m/a。第四系深层水下降了3～5m，下降速率为0.5～0.8m/a。

B 年内动态变化特征

第四系浅层水主要受降雨、滦河、农业灌溉等多方面因素控制，其中降雨占主导地位，地下水动态变化主要表现为降水入渗-开采型。区内降雨集中于每年的6～9月，该期间地下水接受补给大幅回升，涨至最高点，每年的10～12月和3～5月，降雨量小，该期间因农业灌溉大量抽取第四系浅层水，地下水位大幅下降。12月至次年3月，几乎无降水，农田灌溉基本停止，该期间地下水变化小，处于相对稳定期，第四系浅层地下水水位年变化幅度2.2m左右（见图4-54）。

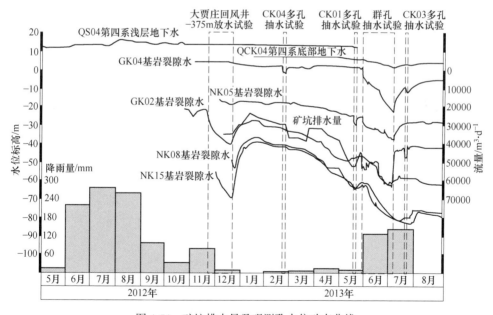

图4-54 矿坑排水量及观测孔水位动态曲线

另外，在河流两岸附近，地下水动态变化主要表现为河流渗漏-开采型。第四系浅层地下水还与滦河、新滦河地表水关系密切，滦河、新滦河汛期，第四系浅层地下水可迅速得到补给，地下水位动态变化与滦河、新滦河水位涨幅步调一致。

第四系深部含水层埋藏较深，且上覆有较稳定的隔水层，降水对其直接影响较小，其动态变化主要受生活用水和矿山排水影响，地下水动态变化表现为侧向径流-开采型。除此之外，矿坑排水对其影响大，矿坑长期排水引起第四系底部水位普遍下降了 3.0~5.0m，且仍保持下降的趋势，特别是群孔抽水试验加大了矿坑排水量，其下降速率及幅度明显增大，第四系深部地下水位动态变化与矿坑排水量密切相关。

基岩地下水主要受矿坑排水影响，表现为侧向径流-开采型。目前，矿坑平均排水量为 44128m³/d，矿区基岩水位普遍下降了 10~30m，且仍保持持续下降的趋势，其动态变化与矿坑排水量密切相关。

4.3.4.5 矿床充水因素

司家营铁矿采用充填法采矿，巷道排水系统置于基岩深部，矿床上覆厚大的第四系砂砾卵石含水层，富水性、透水性极强，矿床充水水源充沛；基岩构造裂隙带为矿床充水通道，通道是否畅通是影响矿床充水的关键因素，现对矿床充水因素分析如下[23]。

矿区处于司马复向斜构造带中，断裂构造发育，有 F9、F10、F11、F12、F13、新河断裂，各断层相互影响，互相沟通，矿体及围岩普遍遭受挤压和拉张破坏，破碎带、裂隙带在矿体及围岩中普遍存在，在南矿段与大贾庄矿段间形成一条近南北展布，北宽南窄，上宽下窄的构造裂隙含水带，其透水性、富水性较强，天然条件下，该带主要发挥贮水功能，开采条件下转化为地下水运移通道即矿床充水的通道，其空间分布及透水性能成为影响矿床充水的主要因素之一。

构造裂隙带（即矿区基岩强富水区、中等富水区）之上的第四系底部黏性土层与强风化带厚度大，分布广，是联系第四系水源与基岩构造裂隙带充水通道间的"枢纽"。矿床开采初期，基岩构造裂隙含水带压力首先释放，将引起很大范围的基岩弱风化裂隙水含水层地下水头释放，第四系底部与基岩弱风化裂隙含水层间形成水头差，由于土体孔隙水压力降低被压密，从而引起大面积第四系底部黏性土层与强风化带固结压密释水，矿坑排水初期很大部分水来自黏性土压密释水，第四系水越流量占少部分，黏性土因被压缩，渗透系数、孔隙率、含水率逐步衰减，衰减过程复杂。待基岩水头降至强风化带底板时，第四系底部黏性土层与强风化带组合体顶底面水头差不再变化，黏性土压密释水趋于结束，矿坑水的主要来源为第四系水垂向越流。

总之，矿床开采初期，以黏性土压密释水为主，后期逐步转化为第四系水越流，二者间的转化关系是一个动态变化过程。不管是黏性土压密释水，还是第四系水垂向越流，矿坑涌水量的大小取决于第四系底部黏性土、强风化带的空间分布及其压密释水后的透水性能，此为影响矿床充水的另一重要因素。

4.3.5 矿坑涌水量预测

4.3.5.1 矿坑涌水量预测概述

采矿方法为充填法，即自下而上 -450m、-350m、-250m、-150m 四个中段；田兴铁矿规模 2000 万吨/年，服务年限 40 年；大贾庄铁矿规模 500 万吨/年，服务年限 29 年。

根据矿床开采方案及矿区水文地质条件，矿区构造发育，含水层空间分布极不均一，各向异性，且具多层结构，各含水层相互联系，又各具特点，边界条件和含水结构复杂，为典型的复杂三维流系统，一般解析法很难正确刻画此种条件下的水文地质模型，需采用数值法计算矿坑涌水量。另外，矿坑长期排水已形成一定范围的压力释放空间场，具备比拟法条件。因此，此次矿坑涌水量预测以数值法为重点，比拟法作为补充[24]。

4.3.5.2 数值法预测矿坑涌水量

A 水文地质概念模型

a 模拟范围及边界条件的概化

区内分布着多个矿山，处于统一的地下水系统中，第四系孔隙含水层为各个矿山的充水水源，不同位置的基岩构造破碎带为各矿区充水通道，目前，这些矿山有的正在开发，有的准备开发，因此，此次勘探将各个矿山置于统一地下水系统中进行分析。为避免数值模型过小造成的误差，将模拟范围根据矿坑排水的最大影响范围适当外推，并根据基岩地下水初始流场的分布情况最终圈定，面积为 421.32km^2（见图 4-55）。

其中，第四系及基岩风化带南部和北部边界处理为流量边界，东部和西部边界处理为零通量边界；构造裂隙含水（带）层的两翼基岩裂隙不发育，透水性弱，处理为隔水边界；上边界为第四系潜水面边界；下边界划到最低开采水平，由于下部基岩完整，透水性弱，将其作为隔水边界处理。

b 地下含水系统的概化

将该区在垂向上自上而下划分为：第四系上部强含水层；第四系相对隔水层；第四系下部中等含水层；第四系底部黏性土弱透水层；基岩强风化裂隙弱含水层；基岩弱风化裂隙含水层；基岩构造裂隙含水层（该层由于厚度较大，依据矿体的开采水平再细分为 3 层，分别是基岩风化层底板至 -250m、-250~-350m、-350~-450m），共 9 层[25]。

c 地下水流动系统的概化

天然状态下，第四系地下水接受大气降雨补给后，自北向南运动。基岩地下水在北部山区接受降雨入渗补给后，自北向南径流，由于基岩风化裂隙含水层渗

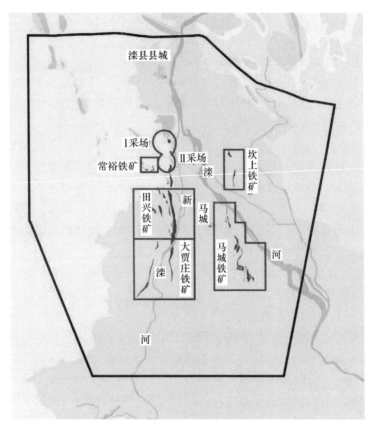

图 4-55　模拟范围图

透性较差，地下水侧向径流受阻，径流缓慢，基岩风化裂隙水托顶越流补给第四系下部中等含水层，基岩地下水位略高于第四系地下水位，在长期的垂向交替运动后，基岩裂隙水、第四系地下水水头趋于一致。

矿山开采条件下，因巷道和采场大量排水，深部地下水的压力大幅度降低，在水力梯度的作用下，第四系底部黏性土层及强风化带开始释水，并引起有效应力的增加使土体压密，当黏性土中水头降低波及整个黏性土厚度时，第四系地下水将越流补给基岩风化裂隙含水层，再由风化裂隙含水层进入下部断裂及其影响带形成的基岩裂隙含水带，最终汇入矿坑。地下水流场呈现三维空间流场[26]。

综上所述，将含水系统概化为非均质各向异性含水系统，地下水流系统概化为三维非稳定流。

B　数学模型

根据上述水文地质条件的概化，可相应写出如下数学模型：

$$\begin{cases} \dfrac{\partial}{\partial x}\left(K_x\dfrac{\partial H}{\partial x}\right) + \dfrac{\partial}{\partial y}\left(K_y\dfrac{\partial H}{\partial y}\right) + \dfrac{\partial}{\partial z}\left(K_z\dfrac{\partial H}{\partial z}\right) - \sum_{i=1}^{m}Q_i\delta(x-x_i,\ y-y_i,\ z-z_i) = \mu_s\dfrac{\partial H}{\partial t} \\[2mm] (x,\ y,\ z)\in\Omega,\ t\geqslant 0 \\[2mm] H(x,\ y,\ z,\ t) = H_0(x,\ y,\ z) \qquad (x,\ y,\ z)\in\Omega,\ t=0 \\[2mm] K\dfrac{\partial}{\partial n}H(x,\ y,\ z,\ t) = q_e(x,\ y,\ z,\ t) \qquad (x,\ y,\ z)\in\Gamma_1,\ t>0 \\[2mm] K_z\dfrac{\partial}{\partial z}H(x,\ y,\ z,\ t) - \varepsilon + E_0\left(1 - \dfrac{H_a - H}{S_{\max}}\right)^m = -\mu\dfrac{\partial}{\partial t}H(x,\ y,\ z,\ t) \\[2mm] (x,\ y,\ z)\in S,\ t>0 \end{cases}$$

式中 H——地下水位，m；

 K_x，K_y，K_z——x、y、z 方向的渗透系数，m/d；

   μ_s，μ——贮水率和给水度；

    Q_i——地下水开采量或排水量，m³/d；

 $H_0(x,\ y,\ z)$——初始水位，m；

$q_e(x,\ y,\ z,\ t)$——流量边界的单位面积流量，m/d；

 Ω，S，Γ_1——渗流区域、地下水自由面、流量边界；

    ε——降水入渗强度，m/d；

    E_0——水面蒸发量，m/d；

    H_a——地面标高，m；

   $S_{\max}$——潜水最大蒸发深度，m。

C 求解方法的选择

模型采用由加拿大 Waterloo 水文地质公司在 MODFLOW 的基础上开发研制的三维地下水流模拟软件包 Visual MODFLOW 进行构建，利用软件中的 WHS 解算器对上述数学模型进行求解计算。许多水文过程和影响因素，如排水沟、水库、河流、溪流、蒸发、降雨和灌溉入渗补给等，都可以用 MODFLOW 来模拟。

D 数值模型

a 模型的空间离散

研究区采用矩形有限差分的离散方法进行剖分（见图 4-56~图 4-58），平面共剖分单元 30996 个，其中有效单元格 23899 个，9 层共剖分 278964 个单元格，有效单元 215091 个。

在收集矿区原有钻孔数据的基础上，并结合此次勘探成果，在 ARCGIS 软件中利用克里金插值法插值出矿区各个含水层的顶底板标高，将数据导入软件后，就生成了矿区含水层的三维结构模型（见图 4-59）。

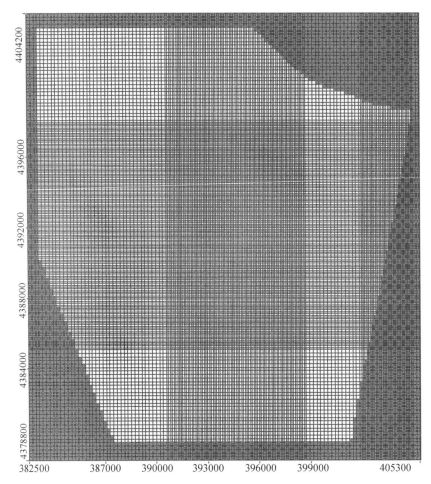

图 4-56 研究区网格平面剖分图

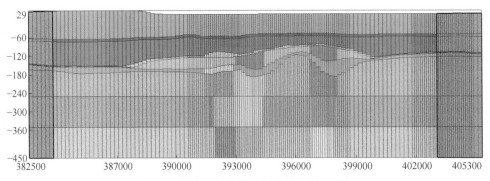

图 4-57 研究区网格横向剖分图（第 48 行）

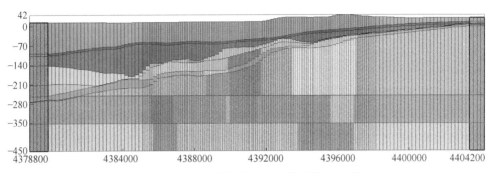

图 4-58 研究区网格纵向剖分图（第 123 行）

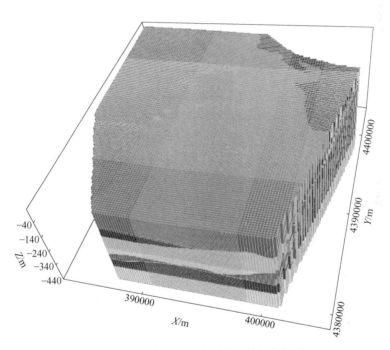

图 4-59 研究区地下水系统三维结构模型

b 源汇项的处理及初值的选取

根据 Visual MODFLOW 软件的要求，需要对地下水系统的补给和排泄条件进行相应的处理，然后才能带入模型中应用。矿区内地下水补给项主要为降雨入渗补给、侧向补给及河渠等地表水的渗漏补给，排泄项为人工开采排泄、矿坑排水、蒸发排泄及侧向排泄等。

c　水文地质参数的选取

通过对研究区地层岩性、地质构造、钻孔岩芯采取率、抽水试验及地下水水位恢复试验等资料的分析将模拟区进行水文地质参数初步分区。

d　初始流场

以矿山开始排水前的地下水流场作为模型识别的初始流场，根据矿区各地下水位观测孔的观测资料，在 ARCGIS 软件中利用 IDW 进行插值，得到研究区的初始等水位线，并将其属性值提取出来后作为初始水头赋给计算模型的各个单元作为非稳定流模拟的初始值（见图 4-60 和图 4-61）。

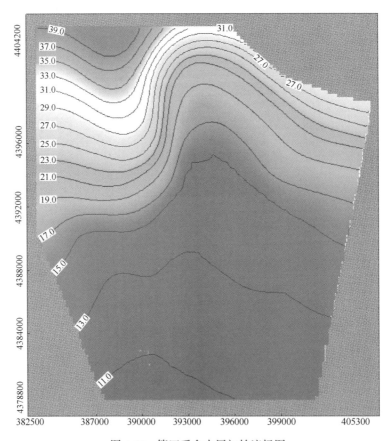

图 4-60　第四系含水层初始流场图

e　模型识别

此次数值模拟的模型识别工作共分两个阶段，第一阶段自矿区开始排水至群孔抽水试验开始前一天，由于缺乏相应的动态资料，该阶段主要是对矿区排水形

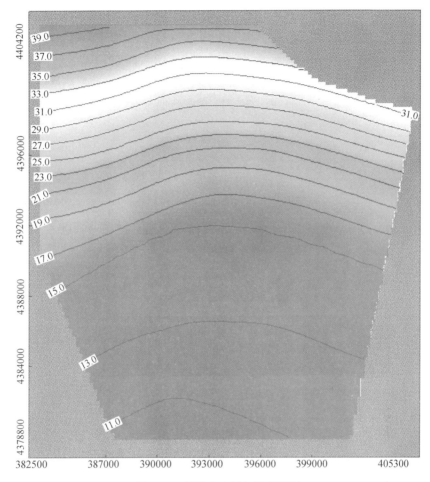

图 4-61　基岩含水层初始流场图

成的地下水流场进行识别，并重点对大贾庄回风井放水试验期间监测的动态资料进行拟合；第二阶段则是利用群孔抽水试验所获取的资料对模型进行进一步识别[27]。

1. 利用长期地下水动态资料进行模型识别

该阶段模型识别的拟合期共 1608 天，首先将模拟时间进行离散，整个模拟期共划分为 53 个应力期，时间步长设为 1 天，共 1608 个时段，步长系数取 1.2。

以前面所给出的各种水文地质参数及源汇项初值为基础，对模型进行反演计算，让模型运行 1608 个时段，记录下每个时段各观测孔所在结点的水

位（或水头），以及最后时段地下水流场。若各种初值给的合理，计算得
（*H-t*）曲线应与实测的（*H-t*）曲线基本吻合，最后时段的地下水流场也应
与实测的地下水流场基本吻合。否则要反复调整水文地质参数、垂向补排强
度、侧向补给量等不确定因素进行试算，直到动态曲线、地下水流场拟合程
度满意为止。经过反复调试，上述参数均有不同程度的调整，这些参数均作
为群孔抽水试验模拟的基础。该阶段模型拟合曲线如图 4-62 和图 4-63 所示，
流场图如图 4-64~图 4-69 所示。

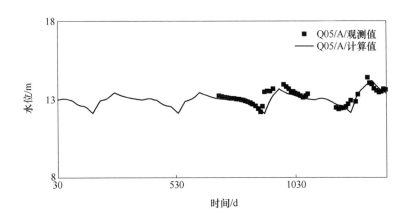

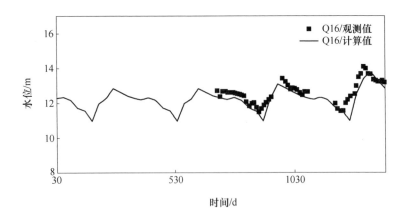

图 4-62　第一识别期第四系浅部观测孔水头拟合曲线

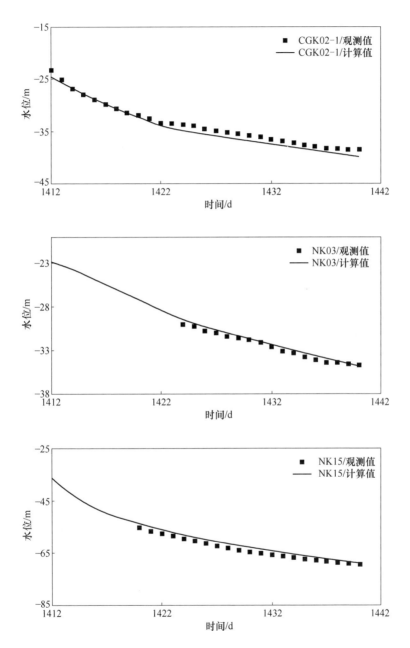

图 4-63 大贾庄回风井放水试验期间基岩观测孔水头拟合曲线

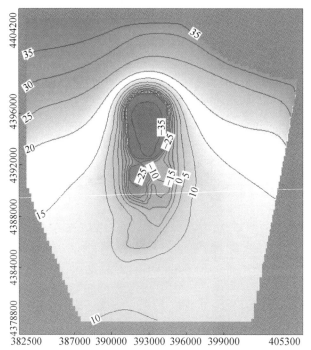

图 4-64 模型运行第 1095 天基岩流场图

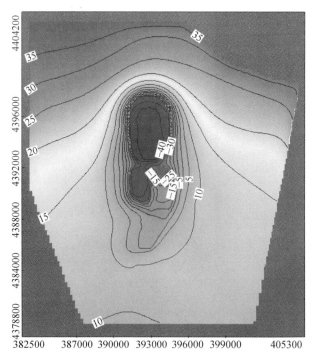

图 4-65 大贾庄回风井放水试验初始时刻基岩流场图（第 1419 天）

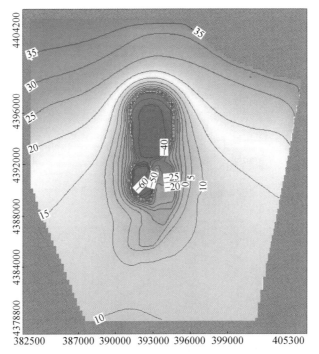

图 4-66　大贾庄回风井放水试验结束时刻基岩流场图（第 1449 天）

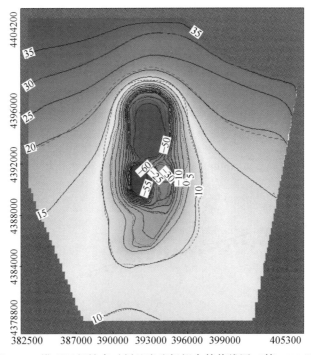

图 4-67　模型运行结束时刻基岩流场拟合等值线图（第 1608 天）

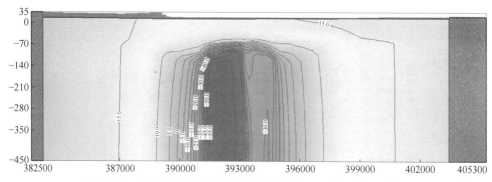

图 4-68   田兴铁矿地下水流场剖面图（第 1608 天，第 100 行）

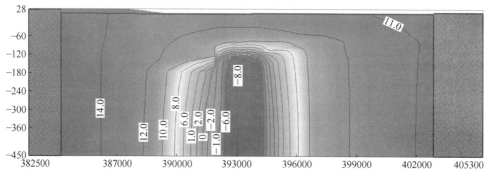

图 4-69   大贾庄铁矿地下水流场剖面图（第 1608 天，第 130 行）

2. 利用群孔抽水试验动态资料进行模型识别

群孔抽水试验历时 39 天，在第一阶段模型识别的基础上，加上抽水试验期间的排水量，时间步长取为 1 天，让模型运行 39 个时段，来拟合各观测孔的水位动态，通过相应的参数调整，使观测孔的动态曲线拟合到比较满意的程度，来确定数值模型的水文地质参数序列。该阶段拟合曲线如图 4-70～图 4-72 所示，结束时刻流场如图 4-73 所示。

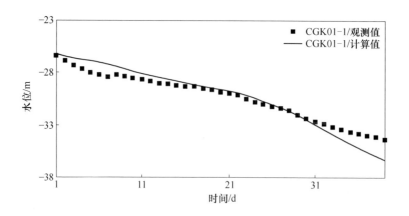

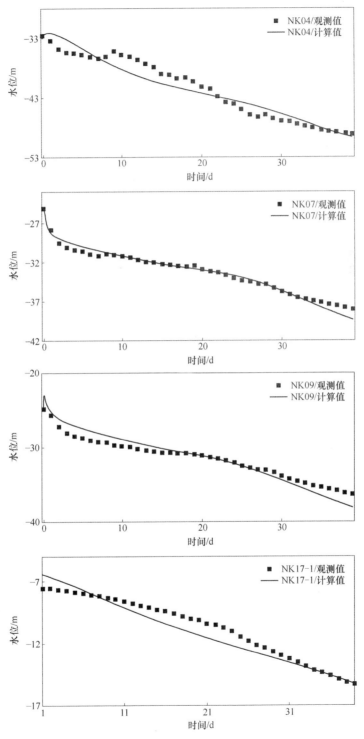

图 4-70 模型识别第二阶段矿区内基岩观测孔水头拟合曲线

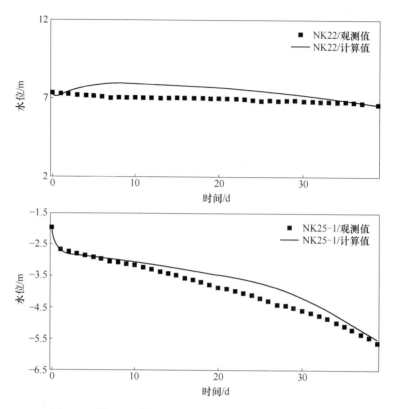

图 4-71　模型识别第二阶段外围基岩观测孔水头拟合曲线

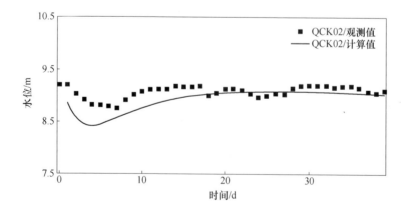

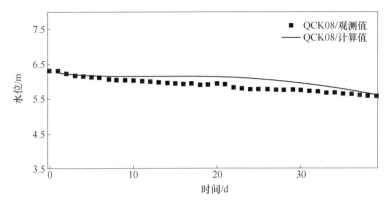

图 4-72 模型识别第二阶段第四系底部水位观测孔水头拟合曲线

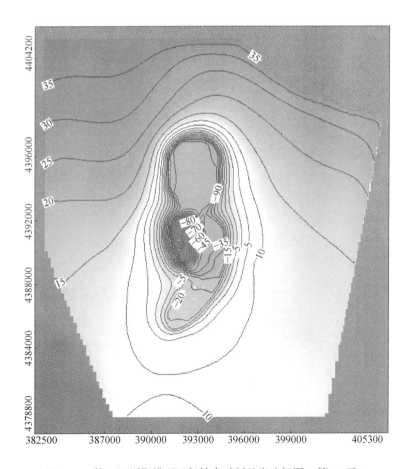

图 4-73 第二识别期模型运行结束时刻基岩流场图（第 39 天）

　　识别期内，各观测孔水头与计算水头的平均残差为−0.23m，平均绝对残差为0.45m，标准误差估计为0.06m，均方根为1.87m，标准化均方根比例为2.3%，说明误差占总水头差异的很小一部分；相关系数为0.98，表明相关程度比较好。

　　经过模型识别，模拟区水文地质参数分区如图4-74~图4-78所示。由以上拟合曲线（图4-70~图4-72）及流场图（图4-73）可知，各观测孔的观测水头动态曲线与计算水头动态曲线基本吻合，计算流场与实测流场基本一致，说明水文地质条件概化是合理的，识别后的水文地质参数是符合客观实际的，可以认为此次建立的数值模型基本反映了模拟区的地下水运动规律，可将之应用于后续研究区内矿坑涌水量的预测研究中。

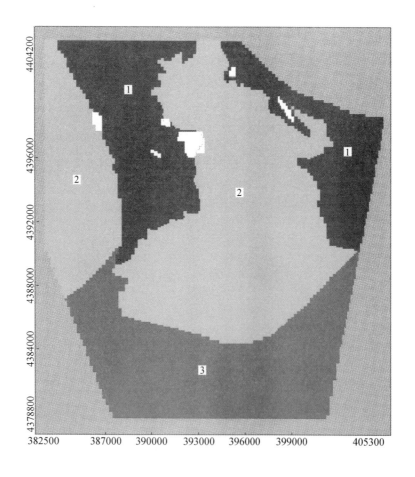

图4-74　第四系上部含水层参数分区图（白色为基岩裸露区）

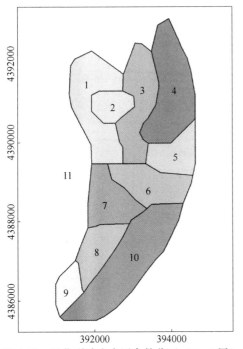

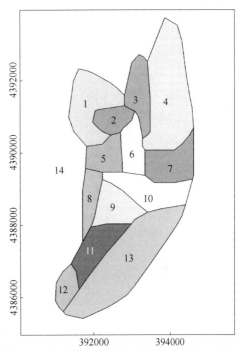

图 4-75　风化裂隙含水层参数分区（5、6 层）　图 4-76　基岩构造裂隙含水层参数分区（7 层）

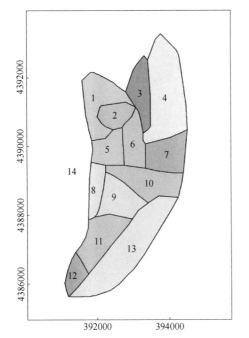

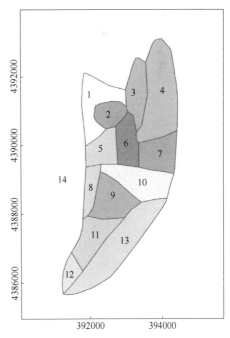

图 4-77　基岩构造裂隙含水层参数分区（8 层）图 4-78　基岩构造裂隙含水层参数分区（9 层）

E 水均衡分析

经过模型识别，对整个模拟区的补给、排泄情况有了基本的认识，现根据获得的数据分别对模拟区地下水系统及基岩含水系统进行水均衡分析，均衡期即为整个模型识别期。均衡量见表4-6和表4-9，均衡期内整个模拟区地下水系统及基岩含水系统均为负均衡，均衡差分别为7.25%、12.75%。

表 4-6 地下水系统均衡量表

项目	均衡要素	水量/m³	占总量比例/%
补给项	降雨入渗补给量	31354.69×10⁴	50.54
	河渠渗漏补给量	19069.27×10⁴	30.73
	侧向补给量	6534.48×10⁴	10.53
	灌溉回归补给量	5084.95×10⁴	8.20
	合　计	62043.39×10⁴	100
排泄项	蒸发排泄量	5141.39×10⁴	7.73
	滦河流出量	16123.48×10⁴	24.23
	侧向排泄量	2041.51×10⁴	3.07
	矿坑排水量	6848.14×10⁴	10.29
	生活生产用水量	36387.26×10⁴	54.68
	合　计	66541.78×10⁴	100
均衡差		−4498.39×10⁴	

表 4-7 基岩含水系统均衡量表

项目	均衡要素	水量/m³	对照占比/%
补给项	第四系越流补给	3667.13×10⁴	56.53
	压密释水量	1892.56×10⁴	29.18
	侧向补给量	926.98×10⁴	14.29
	合　计	6486.67×10⁴	100
排泄项	侧向排泄量	465.89×10⁴	6.37
	矿坑排水量	6848.14×10⁴	93.63
	合　计	7314.03×10⁴	100
均衡差		−827.36×10⁴	

由模拟结果可知，在模型运行初期，矿坑排水以第四系底部黏土层及强风化带的压密释水为主，释水量约占总排水量的70%，但随着排水的持续进行，当释水影响半径扩大到第四系底部黏土层顶部后，第四系含水层开始产生越流向基岩弱风化及构造裂隙含水层补给，随着黏性土层中水头的不断降低，水力梯度变

小,孔隙水释出速度减小,同时越流量不断增大,当模型运行至第三年,释水量已衰减至5500 m³/d,约占总排水量的20%,从第三年至模型运行结束,尽管压密释水量占总排水量的比例仍然在逐渐减小,但释水量却能保持在5500 m³/d这一水平上下浮动[28],说明随着近两年矿坑排水量的逐渐加大,基岩含水层水位的持续下降,黏性土层仍然保持有较大的储水系数。经计算,整个模拟期内,第四系底部黏土层及强风化带压密释水量为1892.56×10⁴ m³,占基岩含水层总补给量的29.18%,第四系越流补给量为3667.13×10⁴ m³,占补给量的56.53%[29]。

F 矿坑涌水量预测分析

矿区采用竖井开拓,巷道系统置于基岩深部,采矿方法为充填法采矿,采矿顺序为自下而上,首采-450m以上矿体,阶段水平为-450m、-350m、-250m,考虑到矿区的近期需要、远景规划及资料占有程度,此次模拟利用所建模型分别对田兴及大贾庄铁矿-450m、-350m、-250m开采水平的矿坑最大涌水量及正常涌水量进行预测。

a 预测方案的制定

根据前面对矿区水文地质条件的分析认识可知,矿坑开采过程中不可能将矿体上部含水层疏干,只能带压开采,边采矿边排水降压。矿体附近基岩强风化带底板标高平均为-125m,该水平为矿床充水水源(蘑菇头)底板,当基岩裂隙水头降低到-125m时,第四系越流补给量趋于稳定,矿坑涌水量不再增大。因此,未来矿坑水排水降压水平达到该水平即可,考虑到两座矿山投产时间间隔很短,在模型预测时,为方便起见,假设两座矿山同时开采。

模型预测时,边界条件、水文地质参数及分区与上述模型一致;降水量依据近十年降雨监测数据循环给出,降雨入渗系数分区及取值与识别模型相同;由于马城铁矿尚未开始基建,此次预测暂不考虑,其他附近矿山排水量按现阶段实测排水量给定;生活生产用水量与模型识别期开采量保持一致。

以群孔抽水试验水位恢复后的稳定流场为-450m水平预测的初始流场,-350m水平预测的初始流场为-450m水平降压后的稳定流场,-250m水平预测的初始流场为-350m水平降压后的稳定流场。

b 涌水量预测结果及分析

根据以上方案及设置运行模型,计算所得的矿坑涌水量见表4-8,各水平稳定地下水流场图如图4-79~图4-81所示。

表4-8 矿坑涌水量预测表

开采水平/m	矿坑涌水量/m³·d⁻¹					
	田兴铁矿		大贾庄铁矿		合计	
-250	最大	4.71×10⁴	最大	5.24×10⁴	最大	9.95×10⁴
	正常	4.03×10⁴	正常	4.50×10⁴	正常	8.53×10⁴

续表 4-8

开采水平/m	矿坑涌水量/m³·d⁻¹					
	田兴铁矿		大贾庄铁矿		合计	
-350	最大	4.20×10^4	最大	4.56×10^4	最大	8.76×10^4
	正常	3.61×10^4	正常	4.08×10^4	正常	7.69×10^4
-450	最大	3.45×10^4	最大	3.60×10^4	最大	7.05×10^4
	正常	3.02×10^4	正常	3.30×10^4	正常	6.32×10^4

由表 4-8 可以看出，矿床自下而上开采，随着开采水平的逐渐抬高，不管是田兴铁矿还是大贾庄铁矿，矿坑涌水量均有增大的趋势，-450m 水平开采时，田兴铁矿及大贾庄铁矿的正常矿坑涌水量分别为 3.02×10^4 m³/d、3.30×10^4 m³/d；-250m 水平开采时，水量分别上涨到 4.03×10^4 m³/d、4.50×10^4 m³/d，原因是基岩构造破碎带浅部破碎程度大于深部，各断层在深部有合拢之趋势。此外，由模拟结果可知，每一水平开采时，大贾庄铁矿矿坑涌水量都要大于田兴铁矿矿坑涌水量，原因是大贾庄铁矿区天窗分布范围广，部分区段强风化带导水性强，与上部第四系沟通良好。矿坑涌水量主要来自第四系水的垂向越流补给，其次为基岩弱风化裂隙含水层的侧向补给，少量来自基岩构造裂隙含水层的侧向补给。

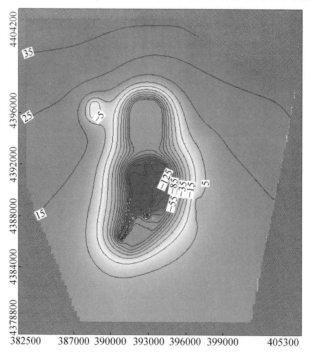

图 4-79   司家营铁矿-450m 水平基岩地下水流场预测图

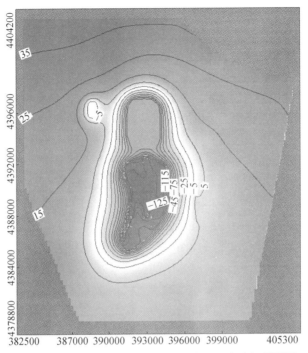

图 4-80 司家营铁矿-350m 水平基岩地下水流场预测图

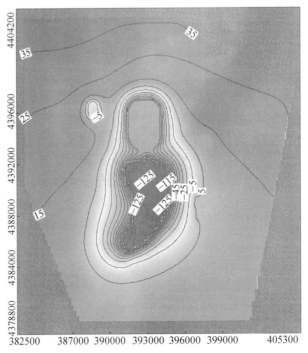

图 4-81 司家营铁矿-250m 水平基岩地下水流场预测图

4.3.6 矿山防治水措施

根据矿山防治水总体原则，建议矿山防治水措施有 3 种：确保矿坑顶板安全；治理未封闭老钻孔；加强常规矿山防治水措施。具体介绍如下：

(1) 确保矿坑顶板安全：

1) 预留合理矿坑顶板厚度并加强监测。矿床开床条件下，基岩强风化带与第四系底部黏性土弱透水层减弱了第四系水与矿坑之间水力联系，但强风化带与第四系底部黏性土力学强度低，易坍塌，无自稳能力，其阻水效果是依靠其下部一定厚度矿坑安全顶板的支撑保护来实现[30]。如果最上一个开采水平矿坑安全顶板厚度不合理，变形太大，将导致第四系水沿着新生裂隙渗入矿坑，地下水渗流场的变化将引起岩体应力场的重新调整，新生裂隙进一步发展，矿坑安全顶板基岩渗透性进一步增加，如此恶性循环，直至矿坑顶板坍塌，第四系水将直接涌入矿坑，造成淹井。依据矿区地质体空间分布及水文地质工程地质条件，结合工程地质数值模拟成果，此次补充勘探给出了矿区最上一个水平的顶板预留位置。

在矿山建设过程中，应对围岩的应力、应变及地下水进行监测，对监测结果及时分析研究，找寻应力应变的规律，合理布置矿房、点柱尺寸，监测结果分析异常地段及时加固处理，确保矿床顶板安全。

2) 对断层破碎带附近矿坑顶板进行加固。通过对断层破碎带附近矿坑顶板厚度模拟计算可看出，在断层未加固前，开挖状态下，各工程地质计算剖面在断层附近产生的重分布应力超过岩石抗压强度导致发生剪切破坏，开挖处地表、采场和部分顶板出现塑性区，特别是在 F9、F10、F11、F12、F13 及新河断裂带附近，因岩石较破碎，力学强度低，矿体开挖将出现较大范围剪切破坏塑性区并破坏。如在开挖前先对矿区各断层破碎带进行加固，将其加固至与周围围岩大致相同后，断层破碎带开挖则处于稳定状态，剪切破坏区域范围显著缩小，塑性区范围较小[31]。

3) 采空区充填应及时并充分接顶。充填法不但对矿柱发挥着有利的影响，对顶板的稳定及变形也起着积极的作用，特别是在位移方面作用显著；充填体进入采空区后，使充填体在采场系统中承受部分应力作用。据数值模拟显示，采矿过程中，采场两帮矿岩基本处于受压状态，但在顶板和底板处形成了部分拉应力区，同时点柱位置应力集中较明显，点柱承受着该区域较大的压应力。随着开采的向上进行及采空区被充填体所充填，充填体直接与围岩接触，对围岩提供一定的侧向压力，从而可以有效地调整采场系统的能量释放速度，提供地下采矿系统抵抗动态作用的能力，可以组织或限制围岩变形的自由发展，防止采空区的冒落，对顶板稳定及地面沉降起着显著的作用。

4) 新构造运动对矿坑顶板影响。矿区位于唐山—河间地震带之唐山地震带，滦县及周边地区新构造运动活跃，矿山开采过程中，务必注意新构造运动对矿坑顶板的影响，防止新构造运动对矿坑顶板产生破坏，确保矿坑顶板不被破坏[32]。

（2）治理未封闭老钻孔。建议在老钻孔周围对基岩风化带与矿坑基岩预留顶板采用地面预注浆方法截断未封闭钻孔导水通道。

（3）加强常规矿山防治水措施：

1）有疑必探，加大探水孔深度。矿区地质构造条件复杂，矿床上覆厚度的第四系强含水体，矿床开采条件下，巷道上部至少负担上百米的高水头压力，掘进过程当中如遇导水断层或破碎带，将不可避免地出现突水事故，为防止突水危害，巷道掘进过程中，需用超前钻孔查明巷道周围水体、含水构造等的具体位置、产状和水量，预先将水放出来，这样可以减小水头压力，为生产创造较好的安全条件。采掘中必须坚持"有疑必探，先探后掘的"的原则，做到万无一失，确保矿山开采安全。

2）重要井巷工程避开富水地段。对于要求岩石条件较好的溜破系统、主采区、破碎硐室等地下工程应避开构造较发育地段，如新河断裂、F9、F10、F11、F12、F13断层地段岩石较破碎，地下水较丰富，易突水、坍塌。特别是跨度较大的破碎硐室，硐室内设备较多，对岩石条件要求较高。因此，不应在断层发育地段修建重要井巷工程。

3）加强矿坑排水设防能力，确保开矿安全。巷道突水具有很大的不确定性和随机性，危害极大，基建期因基岩水含有一定的静储量，且水压较高，各竖井、巷道施工时应加大排水仓、增加排水设施。

5 研究成果及应用前景

5.1 研 究 成 果

本书的研究成果如下:

(1) 构建了地下水三维空间流场模型。通过对河北北洺河铁矿、安徽李楼铁矿、河北司家营铁矿三个典型矿山的分析与总结,对矿区的地下水含水系统、地下水流动系统、矿床充水因素规律形成了系统认识,在黏性土释水及越流理论的基础上构建了矿山地下水三维空间流场模型。

(2) 提出了"厚大弱含水体型"地下水系统理论。当矿山主要充水含水层为分布广、厚度大的弱含水层时,由于深部排水,矿床地段中下部含水层为主要径流通道,由于矿区含水层厚度大、透水性弱,矿床地下水接受区域地下水侧向补给水量有限,以垂向补给为主,控制着中上部含水层地下水流场分布,中下部含水层压力释放并向上传导,形成以疏干巷道为中心地从源到汇的三维空间流场分布特征,垂向存在水头梯度。

(3) 提出了"蘑菇型"地下水系统理论。矿床上覆厚大含水层形似"蘑菇头",是各个矿区统一的矿坑充水水源;是矿区基岩构造裂隙含水层(带)形似数个"蘑菇茎",是矿坑充水通道;"蘑菇头"底部透水性强厚度不大的含水体作为关键层,其控制上覆水体进入矿坑的关键层位,联系矿区充水水源与基岩构造裂隙带充水通道间的"枢纽"。

(4) 将越流、黏性土释水理论应用于矿山水文地质勘探。矿床开采初期,以黏性土压密释水为主,后期逐步转化为越流,二者间的转化关系是一个动态变化过程。通过地下水数值模拟技术,对黏性土压密释水期间渗透系数及贮水率变化规律进行了研究,对矿坑排水前、中、后期压密释水量及越流量的变化规律进行了研究,分析了不同时期压密释水量及越流量占矿坑排水量的比例。

(5) 以地下水三维观测系统取代传统的平面观测网络,将地下水三维渗流理论应用于勘探实践。利用单孔分层观测技术,实现了同一钻孔不同含水层地下水位观测和同一钻孔同一含水层不同深度的地下水水位观测。地下水三维观测系统数据分析表明:在矿坑疏干排水条件下,矿坑排水使基岩深部水压力释放,地下水运动发生改变,垂向上地下水头梯度已经形成,不同含水层之间存在水头差，地下水运动呈现三维空间流场。

（6）提出了预留防水矿柱、带压开采，排水降压的防治水措施。传统的矿山防治水或预先疏干或帷幕堵水，对这类矿山难以奏效，因此，矿山防治水必须突破传统的"非排即堵"思维定式，在预留合理厚度防水矿柱的前提下，可采用带压开采，边采矿边排水降压，力争工作面低压作业。同时，该类矿山矿坑涌水量不随降水量变化而变化，不随开采深度增大而增大，因此，主要排水设施不必置于最低开采标高，可设置在上部，减少排水扬程，大幅度减少矿山排水费用，经济效益可观。后期矿山生产实践证明，涌水量预测符合实际，防治水措施得当。

5.2 应用前景

本书成果的应用前景如下：

（1）本书成果具有广泛的适用性，可应用于各类矿区开采条件的研究，对相关地质勘查单位具有极好的示范性作用，可向世界地质勘查单位推广应用。矿山地下水三维空间流场模型构建是一套比较成熟的思想方法，即在认识论、系统论、信息论的指导下，灵活应用水文地质理论和方法，整体地、联系地、动态地分析、认识地下水系统，揭示地下水的时空分布规律。对地下水系统获取比较符合客观实际的认识。

（2）本书成果可应用于同类型的大水呆滞矿山水文地质研究中。随着现代开采工艺的发展，带压开采等新技术的出现，使得部分大水矿山的开采得以实现。由于以往研究误认为矿区基岩属含水微弱，开拓系统置于基岩内部即可避开第四系水对采矿的影响，导致矿山基建工程进入基岩后出现多次突水，基建工程进展极其缓慢，且存在重大的安全隐患；本书成果可通过矿山在预留合理防水矿柱条件下，矿山治水可带压开采、边采矿边排水，排水降压，解放大水呆滞矿山。在后期的矿区水文地质勘探中，运用矿山地下水三维空间流场模型构建系统理论，先后完成了河北滦南马城铁矿、辽宁思山岭铁矿、安徽旗杆楼铁矿、云南彝良毛坪铅锌矿、云南会泽铅锌矿水文地质勘探工作，构建了地下水三维空间流场模型，厘定了充水水源和充水通道[33]，明确了矿山防治水措施，解放了大水威胁的呆滞矿山储量，经济效益和社会效益明显。

（3）本书成果在深部矿山水文地质研究中具有广泛应用前景。随着矿产资源的开发，特别是在开发规模、开采强度及开采深度不断增加的情况下，多数矿山现已进行深部开采，目前，我国金属矿山开采深度超过1000m的矿山达16座。矿山地下水三维空间流场模型构建理论在该类矿山水文地质研究中，可有效地界定矿床充水水源和充水通道，有效地抓住影响矿床充水的主要因素，有针对性地提出矿山防治水措施，因此，具有广阔的应用前景。

（4）本书成果还可以应用于地热、矿泉水资源水文地质勘探等领域中。在承德地区矿泉水资源勘探中，运用矿山地下水三维空间流场模型构建系统理论，先后完成了"河北省承德市滦平县红旗镇塔子沟村饮用天然矿泉水勘查""河北省承德市丰宁县黑山嘴镇大兰营村饮用天然矿泉水资源勘查""河北省承德市丰宁县杨木栅子乡东坡村山泉水（矿泉水）勘察"等，在这类矿泉水分布区，地下水系统形似"蘑菇状"，广泛分布的基岩风化裂隙含水层为矿泉水资源提供水源[34]，带状分布的基岩构造裂隙含水带为矿泉水有益组分的溶滤、储存提供空间。

（5）本书成果在海底矿山水文地质研究中具有广泛应用前景。矿山地下水三维空间流场模型构建理论应用海底矿山开采技术条件研究，如位于山东省莱州湾渤海之滨的三山岛金矿，金矿资源量达 470 多吨，开采深度已经达到 1050m，"蘑菇型"地下水系统理论可应用于该矿水文地质条件研究，研究矿床充水水源和充水通道及影响矿床充水的主要因素，提出矿山防治水措施。

参 考 文 献

[1] 张人权，梁杏，靳孟贵．水文地质学基础 [M]．北京：地质出版社，2018．

[2] 张发旺，陈立，王滨，等．矿区水文地质研究进展及中长期发展方向 [J]．地质学报，2016（9）：2464-2475．

[3] 孙瑞华，李壮．苏家庄铁矿水文地质条件及矿山地质环境评价 [J]．水文地质工程地质，2004，31（5）：74-76，87．

[4] 穆洪波，张晓红，栾城．火山岩地下水分布规律的探讨 [J]．地下水，2013（6）：46-48．

[5] 陈崇希，林敏．地下水动力学 [M]．武汉：中国地质大学出版社，1999．

[6] 叶和良、郝美君，张永交，等．河北省武安市北洺河铁矿坑道降水疏干试验总结报告 [R]．华北有色工程勘察院有限公司，2002．

[7] 李贵仁，折书群，赵珍，等．河北省武安市北洺河铁矿水文地质补充勘探报告 [R]．华北有色工程勘察院有限公司，2014．

[8] 折书群，宋峰，尚金淼，等．安徽省霍邱县李楼铁矿水文地质研究报告 [R]．华北有色工程勘察院有限公司，2007．

[9] 刘大金，折书群，李贵仁，等．河北钢铁集团矿业有限公司司家营铁矿水文地质补充勘探报告 [R]．华北有色工程勘察院有限公司，2013．

[10] 钱鸣高，缪协兴，许家林．岩层控制的关键层理论 [M]．武汉：中国矿业大学出版社，2013．

[11] 曹文炳．孔隙承压含水系统中粘性土释水及其在资源评价中的意义 [J]．水文地质工程地质，1983（4）：8-14．

[12] 刘慈群．地下水在粘弹性含水层系中的越流 [J]．水利学报，1987（5）：9-13．

[13] 曹文炳，万力，龚斌，等．水位变化条件下粘性土渗流特征试验研究 [J]．地学前缘，2005（1）：101-106．

[14] 曹文炳，李克元．水位升降引起粘性土层释水、吸水与越流发生过程的室内研究方法 [J]．勘察科学技术，1986（4）：22-29．

[15] 王大纯，张人权．孔隙承压地下水的资源评价和地面沉降的关系 [J]．水文地质工程地质，1981（3）：1-4．

[16] 孙健．深层孔隙水资源评价中的越流和粘性土释水 [J]．安徽地质，1992（3）：46-50．

[17] 黄天瑞，李贵仁．北洺河铁矿深部开采放水试验及数值模拟分析 [J]．中国矿业，2015，24（11）：107-112．

[18] 刘大金，靳宝．河北某铁矿矿床水文地质条件分析及矿坑涌水量预测 [J]．地下水，2014，36（2）：164-166．

[19] 李贵仁．基于放水试验的矿区水文地质条件重新认识及地下水数值模拟 [J]．工程勘察，2018，46（12）：35-40．

[20] 李颖智，折书群．安徽李楼铁矿矿床充水因素及地下水三维流数值模拟研究 [J]．工程勘察，2010（9）：40-45．

[21] 折书群，宋小军. 三维渗流模型在李楼铁矿矿坑涌水量预测中的应用 [J]. 矿产勘查，2010 (6)：510-515.

[22] 姜卫东，关英斌，等. 李楼铁矿水文地质条件研究 [J]. 北京：矿业工程研究，2013 (4)：4-8.

[23] 曹剑峰，迟宝明，王文科. 专门水文地质学 [M]. 北京：科学出版社，2006.

[24] 李贵仁，陈植华. 复杂岩溶矿区疏干条件下的地下水数值模拟 [J]. 中国岩溶，2012，31 (4)：382-387.

[25] 刘建峰，张妩，邬立，等. Visual Modflow 模型在马城铁矿床地下水数值模拟中的应用 [J]. 矿业工程，2016 (2)：49-52.

[26] 董玉兴，折书群，李贵仁. 断裂构造发育区矿坑涌水量预测的数值模拟研究 [J]. 勘察科学技术，2013 (3)：36-39.

[27] 李贵仁，赵珍，折书群，等. 复式推覆体内矿坑涌水量预测的地下水数值模拟 [J]. 地质科技情报，2019，38 (6)：212-220.

[28] 李贵仁，陈植华. 数值模拟在反演矿区水文地质条件中的应用 [J]. 水文地质工程地质，2013 (2)：19-23.

[29] 沈小珍. 相邻含水层间越流形成条件的初步探讨 [J]. 水文地质工程地质，1980 (6)：37-40.

[30] 刘大金. 河北省滦南县马城铁矿矿床充水因素分析 [J]. 黑龙江水利科技，2012 (7)：175-176.

[31] 张莉丽，宋峰，刘新社，等. 冀东铁矿田的开发对区域地下水环境的影响 [J]. 地下水，2014 (4)：92-94.

[32] 宋爱东，郭献章，刘大金. 司家营铁矿南区防治水措施初探 [J]. 河北冶金，2013 (1)：1-5.

[33] 刘大金，陈华北. 某铅锌矿床深部承压水来源及通道浅析 [J]. 现代矿业，2014，2：89-91.

[34] 赵斌，折书群. 河北省承德市滦平县红旗镇塔子沟村饮用天然矿泉水勘查 [R]. 华北有色工程勘察院有限公司，2017.